普通高等教育"十四五"系列教材

FPGA/Verilog HDL
技术与工程案例实践

周春梅 ◎ 编著

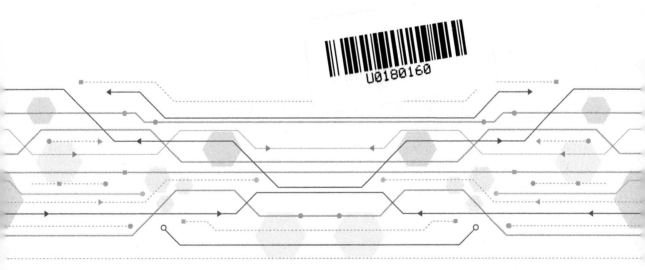

华中科技大学出版社
http://www.hustp.com
中国·武汉

图书在版编目(CIP)数据

FPGA/Verilog HDL 技术与工程案例实践/周春梅编著. —武汉:华中科技大学出版社,2022.7(2025.1重印)
ISBN 978-7-5680-8262-4

Ⅰ.①F… Ⅱ.①周… Ⅲ.①硬件描述语言-程序设计-教材 ②可编程序逻辑阵列-系统设计-教材
Ⅳ. ①TP312 ②TP332.1

中国版本图书馆 CIP 数据核字(2022)第 130715 号

FPGA/Verilog HDL 技术与工程案例实践 周春梅 编著
FPGA/Verilog HDL Jishu yu Gongcheng Anli Shijian

策划编辑:曾 光
责任编辑:刘 静
封面设计:孢 子
责任监印:徐 露
出版发行:华中科技大学出版社(中国·武汉)　　电话:(027)81321913
　　　　　武汉市东湖新技术开发区华工科技园　　邮编:430223
录　排:武汉创易图文工作室
印　刷:武汉邮科印务有限公司
开　本:787mm×1092mm　1/16
印　张:15
字　数:373千字
版　次:2025 年 1 月第 1 版第 6 次印刷
定　价:45.00 元

前言

随着物联网、云计算和人工智能领域的井喷式发展，FPGA人才需求量逐步上升。目前FPGA主要用来对数据进行加速处理。它采用了多个领域的先进技术，可用于硬件设计、软件设计、数据通信、逻辑控制和文档编写等用途。缺乏数字逻辑和数字电路基础知识，将导致很难快速入门。于是，本书专门针对数字逻辑和数字电路进行思路分析与设计讲解。

本书是编者长期从事实践教学、科研工作的经验总结，紧跟社会市场技术要求，并充分考虑到了当代高校学生的学习习惯与实践动手模式。本书立足于地方高校培养应用型学生的目标，以硬件描述语言Verilog HDL为主要表述方式，主要讲解了数字逻辑实验的设计步骤和设计思路，对10个基础性实验项目和22个提高型设计项目进行思路分析和仿真分析。掌握Verilog HDL不是目的，目的是通过FPGA设计解决实际问题，因此，分析问题并提出解决问题的思路才是关键。本书以项目式的实验为单元，力求通过简单的数字逻辑实验使读者掌握一些常用的解决问题的方法和技巧，为初学FPGA技术的读者奠定一个较好的基础，使其能较容易地研究其他书籍，进而深入话题。

全书分为三个部分，主要以Xilinx公司的FPGA和集成开发环境Vivado 2019.2为核心，从基础验证型实验开始逐步深入到逻辑设计型实验，对每个实验的思路和主要核心代码进行讲解。第1部分，不积跬步，无以至千里，主要对10个基础验证型实验进行分析，并在每个实验后安排有思考与练习，以进一步巩固所学知识。第2部分，千里之行，始于足下，设计了LED数码显示器、按键、蜂鸣器等共22个实验项目，进行由浅至深的系统分析和讲解。第3部分，磨刀不误砍柴工，主要介绍了Vivado软件的安装和使用方法。

通过本书的学习，读者将能够独立地运用Verilog HDL硬件描述语言及Vivado软件实现FPGA的系统设计。本书适合作电子、通信、自动化等电子信息类专业FPGA技术及应用、数字电子技术相关课程的实践教材。在此感谢刘润鸿、蒋成、满俊豪、周竟帮忙校稿。由于本人水平有限，书中难免出现错误，请广大读者批评指正，我将做进一步的完善。

在使用本书的过程中，若有疑问，可通过以下方式与编者联系。

联系方式：四川省成都市郫都区团结街道学院街65号。

邮编：611745。

邮箱：zhouchunmei0206@163.com。

编　者

2021年4月

于四川工商学院

第 1 部分　基础性实验项目 ·· （1）

项目实验 1　3-8 译码器 ······································· （3）

项目实验 2　二-十进制译码器 ································· （8）

项目实验 3　三选一数据选择器 ······························· （13）

项目实验 4　半加器 ··· （17）

项目实验 5　奇偶校验 ······································· （22）

项目实验 6　格雷码变换 ····································· （26）

项目实验 7　四位移位寄存器 ································· （31）

项目实验 8　步长可变的加减计数器 ··························· （36）

项目实验 9　序列信号发生器 ································· （41）

项目实验 10　用状态机实现串行数据检测器 ····················· （46）

第 2 部分　基于 Verilog 的 FPGA 系统设计实例 ··················· （51）

项目实验 11　键控灯 ··· （56）

项目实验 12　流水灯电路设计 ································· （60）

项目实验 13　呼吸灯电路设计 ································· （65）

项目实验 14　闪烁灯电路设计 ································· （71）

项目实验 15　静态数码管显示 ································· （77）

项目实验 16　一位十进制计数器 ······························· （81）

项目实验 17　数字秒表设计 ··································· （86）

项目实验 18　花式数码管显示电路设计 ························· （96）

项目实验 19　交通灯电路设计 ································· （101）

项目实验 20　按键消抖 ······································· （108）

项目实验 21　矩阵按键驱动电路设计 ··························· （113）

项目实验 22　旋转编码器电路设计 ····························· （119）

项目实验 23　简易电子琴设计 ································· （124）

目录

项目实验 24 音乐播放器电路设计 ··· (131)

项目实验 25 CRC 编码器的实现 ··· (137)

项目实验 26 HDB3 编码器的实现 ··· (142)

项目实验 27 偶数倍分频器 IP 核设计 ·· (147)

项目实验 28 DDS 正弦信号发生器设计 ··· (154)

项目实验 29 SPI 数据通信 ··· (162)

项目实验 30 UART 数据通信 ·· (174)

项目实验 31 异步 FIFO 存储器电路设计 ·· (185)

项目实验 32 VGA 图片显示实验 ·· (199)

第 3 部分　Vivado 应用向导 ·· (207)

Vivado 简介 ··· (209)

Vivado 下载与安装 ··· (212)

Vivado 快速入门 ··· (217)

第1部分
基础性实验项目

项目实验 1　　3-8 译码器

一、实验前的准备

(1)安装好 Vivado 或 Quartus Ⅱ 等 FPGA 开发软件,检查开发板、下载线、电源线是否齐全。

(2)熟悉 3-8 译码器的功能。

二、实验目的

(1)熟悉利用 Vivado 开发数字电路的基本流程和 Vivado 软件的相关操作。

(2)掌握基本的设计思路及软件环境参数配置、仿真、管脚约束、利用 JTAG 进行下载等基本操作。

(3)了解 Verilog HDL 语言设计或原理图设计方法。

(4)掌握基本组合逻辑的工作原理及设计思路。

三、实验原理

本实验主要设计一个简单的 3-8 译码器。译码器是把输入的数码译成对应的数码的器件。如果译码器有 N 条二进制选择线,那么它最多可译码转换成 2^N 个数据。当一个译码器有 N 条输入线及 M 条输出线时,该译码器称为 N-M 译码器。3-8 译码器就是依此而来的——它有 3 条输入线、8 条输出线。3-8 译码器的真值表如表 1-1 所示。

表 1-1　3-8 译码器的真值表

输入 $a2a1a0$	输出 $y7y6y5y4y3y2y1y0$
000	11111110
001	11111101
010	11111011
011	11110111
100	11101111

续表

输入 a2a1a0	输出 y7y6y5y4y3y2y1y0
101	11011111
110	10111111
111	01111111

四、实验内容

使用 Verilog HDL 语言设计 3-8 译码器,用软件进行仿真,观察仿真波形,验证结果正确后,将代码下载到 FPGA 开发板,输入和使能端可由拨码开关控制,并通过 LED 显示灯来观察译码结果。

五、设计原理图

3-8 译码器顶层设计原理如图 1-1 所示。

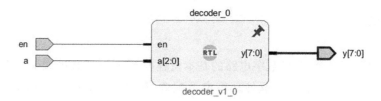

图 1-1　3-8 译码器顶层设计原理图

由图 1-1 可见,输入端口有使能端口 en 和 3 位的数据端口 a。首先判断使能端口 en 的状态,当其满足高电平时,通过判断 3 个输入端口 a2、a1、a0 的状态来决定 8 个输出端口的状态。

六、实验步骤

(1)按照 Vivado 软件的设计流程,新建一个名为"decoder"的工程文件,同时新建一个设计文本,并取名为"decoder"。

(2)根据 3-8 译码器的原理输入代码,进行编译、综合。

首先定义实体,对电路的端口进行定义声明,定义中间变量。

```
module decoder(y,en,a) ;
    output [7:0] y ;          //输出端口 8 位位宽
    input en ;                //使能端口
    input [2:0] a;            //数据端口,位宽为 3 位
    reg [7:0] y ;             //转为 reg 型变量
```

然后对电路的功能进行描述,采用 case 语句实现选择功能。

```
always @(en or a)          // en 和 a 是敏感信号
begin
   if(! en)                 // 如果使能信号为低电平,则无效
     y = 8'b1111_1111 ;
   else
   case(a)                  //实现 3-8 译码器的功能
       3'b000 : y = 8'b1111_1110 ;         // 最低位为低电平
       3'b001 : y = 8'b1111_1101 ;
       3'b010 : y = 8'b1111_1011 ;
       3'b011 : y = 8'b1111_0111 ;
       3'b100 : y = 8'b1110_1111 ;
       3'b101 : y = 8'b1101_1111 ;
       3'b110 : y = 8'b1011_1111 ;
       3'b111 : y = 8'b0111_1111 ;
       default : y = 8'bx ;        // 否则为不确定信号
   endcase
end
endmodule
```

（3）编写仿真测试代码,并取名为"decoder_tb",定义激励信号(注意信号的位宽),定义 Testbench 测试模块以及变量,时间尺度为 ns,精度为 ps,激励信号为 reg 型,输出信号连线为 wire 型。

```
'timescale 1ns/1ps
module decoder_tb();
    reg [2:0] a;            //定义激励信号
    reg en;                 //定义激励信号
    wire [7:0] y;           //定义输出信号连线
```

实例化被测模块 decoder。这里采用端口映射的方式。

```
decoder inst (
    .a(a),
    .en(en),
    .y(y)
);
```

初始化激励信号 en、a 的值。为了方便观察,每延时 20 个时钟单位,改变一次激励信号 a 的值。

```
initial         //产生激励信号
    begin
        en=1'b1;
        a=3'b000;
        #20 a=3'b001;         //延时 20 个时钟单位进行赋值
        #20 a=3'b010;
```

```
        #20 a＝3'b011;
        #20 a＝3'b100;
        #20 a＝3'b101;
        #20 a＝3'b110;
        #20 a＝3'b111;
        #20 a＝3'b000;
    end
endmodule
```

七、结果分析

对设计进行仿真有多种工具可以选用,此处简单分类如下:

(1)可以用 Vivado 软件自带的仿真器进行仿真;

(2)结合设计文件直接用 ModelSim 软件进行仿真;

(3)可以在 Quartus Ⅱ中调用 ModelSim 进行仿真。

在此使用第一种方法,具体实现见本书软件使用章节。用 Vivado 自带的仿真器进行仿真,仿真结果如图 1-2 所示,符合预定设计的真值表。

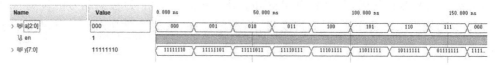

图 1-2　3-8 译码器仿真波形

根据波形可以看出,输入端口为 a 和 en,输出端口为 y,当 en 为高电平时,输入端口 a 的值对应输出端口的 y 值,与 3-8 译码器的真值表匹配,结果正确。

八、思考与练习

根据 3-8 译码器的工作原理,对 8-3 编码器进行设计仿真。编码器是把输入的数码变成对应的数码的器件。编码器的输入一般为位数较宽的数值,输出为相对较短的数值。本设计仿真中 8 位输入是独立的,并且在所有位中,在某一时刻,有且仅有一位为低电平,输出为其所在位置的二进制数。8-3 编码器的真值表如表 1-2 所示。

表 1-2　8-3 编码器的真值表

输入 DIN	输出 DOUT
1111_1110	000
1111_1101	001
1111_1011	010
1111_0111	011

续表

输入 DIN	输出 DOUT
1110_1111	100
1101_1111	101
1011_1111	110
0111_1111	111

项目实验2 二-十进制译码器

一、实验前的准备

(1)安装好 Vivado 或 Quartus Ⅱ等 FPGA 开发软件,检查开发板、下载线、电源线是否齐全。

(2)熟悉二-十进制译码器的功能。

二、实验目的

(1)熟悉利用 Vivado 开发数字电路的基本流程和 Vivado 软件的相关操作。

(2)掌握基本的设计思路及软件环境参数配置、仿真、管脚约束、利用 JTAG 进行下载等基本操作。

(3)了解 Verilog HDL 语言设计或原理图设计方法。

(4)掌握基本组合逻辑的工作原理及设计思路。

三、实验原理

本实验主要设计一个简单的二-十进制译码器。译码器是把输入的数码译成对应的数码的器件。译码器有 N 个二进制选择线,对应的数码转换输出为相应的十进制数据。本设计输入为 4 位的二进制数值,输出为其相应的十进制数。二-十进制译码器的真值表如表 1-3 所示。

表 1-3 二-十进制译码器的真值表

输入 a3a2a1a0	输出 y	输入 a3a2a1a0	输出 y
0000	0	0101	5
0001	1	0110	6
0010	2	0111	7
0011	3	1000	8
0100	4	1001	9

续表

输入 a3a2a1a0	输出 y	输入 a3a2a1a0	输出 y
1010	10	1101	13
1011	11	1110	14
1100	12	1111	15

四、实验内容

使用 Verilog HDL 语言设计二-十进制译码器,输入和使能端由开关控制,通过 LED 显示灯来观察译码结果。但是考虑到开发板的资源,把输出的十位、个位分别用 4 位二进制数据表示,这样就可以利用 LED 显示灯来进行观察验证。

五、设计原理图

二-十进制译码器顶层设计原理如图 1-3 所示。

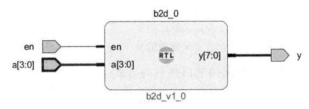

图 1-3　二-十进制译码器顶层设计原理图

从图 1-3 中可见,输入端口有使能端口 en 和 4 位的数据端口 a,输出是 8 位的数据端口 y。首先判断使能端口 en 的状态,当其满足高电平时,通过判断 4 个输入端口 a3、a2、a1、a0 的状态来决定 8 个输出端口的状态。

六、实验步骤

(1)按照 Vivado 软件的设计流程,新建一个名为"b2d"的工程文件,同时新建一个设计文本,并取名为"b2d"。

(2)根据二-十进制译码器的原理输入代码,进行编译、综合。

首先定义实体,对电路的端口进行定义声明,定义中间变量。

```
module b2d(y,en,a);
    output [7:0] y;         //输出端口 8 位位宽
    input en;               //使能端口
    input [3:0] a;          //数据端口,位宽为 4 位
    reg [7:0] y;            //转为 reg 型变量
```

然后采用 if 语句对电路进行功能描述。

```
always @(en or a)                        //en 和 a 是敏感信号
  begin
    if(! en)                             // 如果使能信号为低电平,则无效
        y = 8'b1111_1111;
    else
      begin
      if(a>9)
          y<=a+6;                        //这里完成了二进制到十进制的译码
      else
          y<=a;
      end
  end
endmodule
```

(3)编写仿真测试代码,定义激励信号(注意信号的位宽),定义 Testbench 测试模块以及变量,时间尺度为 ns,精度为 ps,激励信号为 reg 型,输出信号连线为 wire 型。

```
'timescale 1ns / 1ps
module b2d_tb;
    wire [7:0] y ;                       //定义输出信号连线
    reg en ;                             //定义激励信号
    reg [3:0]a;                          //定义激励信号
```

实例化被测模块 b2d。这里采用端口映射的方式。

```
b2d inst(
    .y(y),
    .en(en),
    .a(a)
);
```

初始化激励信号 en、a 的值。为了方便观察,每延时 20 个时钟单位,改变一次激励信号 a 的值。下列程序也可以简化成每延时 20 个时钟单位,a=a+1,持续产生激励信号即可。

```
initial                                  //产生激励信号
    begin
        en=1'b1;
        a=4'b0000;
        #20 a=4'b0001;                   //延时 20 个时间单位进行赋值
        #20 a=4'b0010;
        #20 a=4'b0011;
        #20 a=4'b0100;
        #20 a=4'b0101;
        #20 a=4'b0110;
        #20 a=4'b0111;
        #20 a=4'b1000;
        #20 a=4'b1001;
```

```
            ♯20 a＝4'b1010;
            ♯20 a＝4'b1011;
            ♯20 a＝4'b1100;
            ♯20 a＝4'b1101;
            ♯20 a＝4'b1110;
            ♯20 a＝4'b1111;
            ♯20 a＝4'b0000;
        end
    endmodule
```

七、结果分析

用 Vivado 自带的仿真器进行仿真,仿真结果如图 1-4 所示,符合预定设计的真值表。

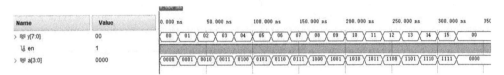

图 1-4　二-十进制译码器仿真波形

由波形可以看出,输入端口为 a 和 en,输出端口为 y,当 en 为高电平时,输入端口 a 对应输出端口 y,与二-十进制译码器的真值表匹配。

八、思考与练习

(1)根据二-十进制译码器的工作原理,对十-二进制编码器进行设计仿真。编码器是把输入的数码变成对应的数码的器件,实现不同码值表示同一信息的功能。本设计输入为 2 位的十进制数(范围为 0～19),输出为其相应的二进制数。十-二进制编码器的真值表如表 1-4 所示。

表 1-4　十-二进制编码器的真值表

输入 A(十进制)	输出 Y(二进制)	输入 A(十进制)	输出 Y(二进制)
0	00000	10	01010
1	00001	11	01011
2	00010	12	01100
3	00011	13	01101
4	00100	14	01110
5	00101	15	01111
6	00110	16	10000
7	00111	17	10001
8	01000	18	10010
9	01001	19	10011

（2）实现 BCD 码七段数码管显示译码电路。译码器是把输入的数码译成对应的数码的器件。如果译码器有 N 个二进制选择线，那么它最多可译码转换成 2^N 个数据。当一个译码器有 N 条输入线及 M 条输出线时，该译码器称为 N-M 的译码器。BCD 码七段数码管显示译码器是依此而来的。它的真值表如表 1-5 所示。

表 1-5　BCD 码七段数码管显示译码器的真值表

输入 a	输出 decodeout	输入 a	输出 decodeout
0	0111111	8	1111111
1	0000110	9	1101111
2	1011011	A	1110111
3	1001111	B	1111100
4	1100110	C	0111001
5	1101101	D	1011110
6	1111101	E	1111001
7	0000111	F	1110001

项目实验 3　　三选一数据选择器

一、实验前的准备

(1)安装好 Vivado 或 Quartus Ⅱ等 FPGA 开发软件,检查开发板、下载线、电源线是否齐全。

(2)熟悉数据选择器的工作原理。

二、实验目的

(1)熟悉利用 Vivado 开发数字电路的基本流程和 Vivado 软件的相关操作。

(2)掌握基本的设计思路及软件环境参数配置、仿真、管脚约束、利用 JTAG 进行下载等基本操作。

(3)了解 Verilog HDL 语言设计或原理图设计方法。

(4)掌握基本组合逻辑的工作原理及设计思路。

三、实验原理

本实验主要设计一个简单的三选一数据选择器。选择器通过一个选择端,选通不同的输入,把相应的输入数值作为输出,如本实验设计三选一数据选择器,选择端就至少要有 2 bit 的宽度,才能对三个输入进行选择。三选一数据选择器的真值表如表 1-6 所示。

表 1-6　三选一数据选择器的真值表

选择端 sel	输出 dout
00	a
01	b
10	c
11	default

这里 a、b、c 分别表示 3 个待选的输入,sel 为 2 位的选择端口。

四、实验内容

使用 Verilog HDL 语言设计三选一数据选择器,通过改变拨码开关选择端的值,控制不同的输入流向输出,并可以通过 LED 显示灯来观察选择结果。

五、设计原理图

三选一数据选择器顶层设计原理如图 1-5 所示。

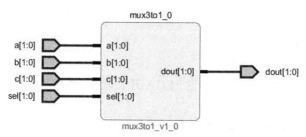

图 1-5 三选一数据选择器顶层设计原理图

从图 1-5 中可见,a、b、c、sel 为输入端口,dout 为 2 位的输出端口,sel 为选择控制端,a、b、c 为数据备选端,根据 sel 的值不同,dout 输出不同的值。

六、实验步骤

(1)按照 Vivado 软件的设计流程,新建一个名为"mux3to1"的工程文件,同时新建一个设计文本,并取名为"mux3to1"。

(2)根据三选一数据选择器的原理输入代码,进行编译、综合。

```
module mux3to1(dout,a,b,c,sel);
    output [1:0] dout;
    input [1:0] a,b,c;
    input [1:0] sel;
    reg [1:0] dout;
always @(a or b or c or sel)//三选一数据选择器的功能描述
    case(sel)
        2'b00 : dout<=a;        //当 sel 为 00 时,输出 a 端口的值
        2'b01 : dout<=b;
        2'b10 : dout<=c;
        default :dout<=2'bx;
    endcase
    endmodule
```

(3)编写仿真测试代码,并取名为"mux3to1_tb",定义激励信号(注意信号的位宽),定义 Testbench 测试模块以及变量,时间尺度为 ns,精度为 ps,激励信号为 reg 型,输出信号连

线为 wire 型。

```
'timescale 1ns / 1ps
module mux3to1_tb;
    wire [1:0] dout;               //定义输出信号连线
    reg [1:0] sel;                 //定义激励信号
    reg [1:0] a;                   //定义激励信号
    reg [1:0] b;                   //定义激励信号
    reg [1:0] c;                   //定义激励信号
```

实例化被测模块 mux3to1。这里采用端口映射的方式。

```
    mux3to1 inst(
        .dout (dout),
        .b(b),
        .c(c),
        .a(a),
        .sel(sel)
    );
```

初始化激励信号 a、b、c、sel 的值。为了方便观察,每延时 20 个时钟单位,改变一次激励信号 sel 的值。

```
    initial                        //产生激励信号
        begin
            a=2'b11;
            b=2'b10;
            c=2'b01;
            sel=2'b00;
            #20 sel=2'b01;
            #20 sel=2'b10;
            #20 sel=2'b00;
            #20 sel=2'b01;
            #20 sel=2'b10;
        end
    endmodule
```

七、结果分析

用 Vivado 自带的仿真器进行仿真,仿真结果如图 1-6 所示,符合预定设计的真值表。

由图 1-6 可以看出,输入端口为 a、b、c 和 sel,输出端口为 dout。当输入端口 sel 的值为 00 时,表示输出 a 端口的值,a 端口的固定值为 11;当输入端口 sel 的值为 10 时,表示输出 c 端口的值,c 端口的固定值为 01,依次可以验证三选一数据选择器的功能。

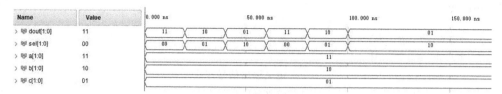

图 1-6 三选一数据选择器仿真波形

八、思考与练习

七人表决器是指 7 个人对某一事件表达自己的态度——同意或者反对,用 2 种不同的电平记录和表示不同的状态,例如数字"1"表示同意,数字"0"表示反对,根据少数服从多数的原则,判别所有人对该事件的总体态度。若表示"同意"的人数多于 3 人,则结果就显示"同意"状态,否则显示"反对"状态。

项目实验 4　　半加器

一、实验前的准备

(1)安装好 Vivado 或 Quartus Ⅱ 等 FPGA 开发软件,检查开发板、下载线、电源线是否齐全。

(2)熟悉半加器的工作原理。

二、实验目的

(1)熟悉利用 Vivado 开发数字电路的基本流程和 Vivado 软件的相关操作。

(2)掌握基本的设计思路及软件环境参数配置、仿真、管脚约束、利用 JTAG 进行下载等基本操作。

(3)了解 Verilog HDL 语言设计或原理图设计方法。

(4)掌握基本组合逻辑的工作原理及设计思路。

三、实验原理

本实验主要设计一个简单的半加器。半加器本质上是没有进位输入的加法器,输入相加求和之后,结果一部分是和,一部分是进位。本实验设计一个 1 位半加器,其真值表如表 1-7 所示。

表 1-7　半加器的真值表

a	b	sum	cout
0	0	0	0
0	1	1	0
1	0	1	0
1	1	0	1

这里 a、b 分别表示 2 个输入的加数,sum 为和,cout 为进位。

四、实验内容

使用 Verilog HDL 语言设计一个 1 位的半加器,通过改变通过按键或者拨码开关输入的值,将对应结果输出到 LED 显示灯来进行观察验证。

五、设计原理图

半加器顶层设计原理如图 1-7 所示。

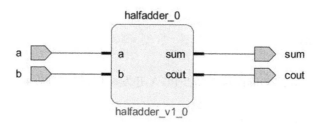

图 1-7 半加器顶层设计原理图

由图 1-7 可知,输入端口为 a、b,输出端口为 sum、cout。输入端口的数据用于相加,输出端口 sum 为和,输出端口 cout 为进位标志位。

六、实验步骤

(1)按照 Vivado 软件的设计流程,新建一个名为“halfadder”的工程文件,同时新建一个设计文本,并取名为“halfadder”。

(2)根据半加器的原理输入代码,进行编译、综合。

首先定义实体,对电路的端口进行定义声明,定义中间变量。

```
module halfadder (sum,cout,a,b);
    input a,b;                  //输入端口,加数
    output sum,cout;            //输出端口,sum 为和,cout 为进位
```

然后对电路的功能进行描述,下面列出了三种实现方法。

方法一:

```
assign sum＝a^b;
assign cout＝a&b;
```

方法二:

```
and (cout,a,b);
xor (sum,a,b);
```

方法三:

```
reg sum,cout;
```

```
always @(a or b)
    begin
        case({a,b}) //真值表描述
            2'b00: begin sum=0;cout=0; end
            2'b01: begin sum=1;cout=0; end
            2'b10: begin sum=1;cout=0; end
            2'b11: begin sum=0;cout=1; end
        endcase
    end
```

（3）编写仿真测试代码，并取名为"halfadder_tb"，定义激励信号（注意信号的位宽），定义 Testbench 测试模块以及变量，时间尺度为 ns，精度为 ps，激励信号为 reg 型，输出信号连线为 wire 型。

```
'timescale 1ns / 1ps
module halfadder_tb;
    reg a,b;                    //定义激励信号
    wire sum,cout;              //定义输出信号连线
```

实例化被测模块 halfadder。这里采用端口映射的方式。

```
halfadder inst(
    .a(a),
    .b(b),
    .sum(sum),
    .cout(cout)
);
```

初始化激励信号 a、b 的值。为了方便观察，每延时 20 个时钟单位，改变一次激励信号 a、b 的值。

```
//产生激励信号,延时 20 个时钟单位变化一次
    initial
    begin
        a=1'b0;
        b=1'b0;
        #20 begin a=1'b0;b=1'b1; end
        #20 begin a=1'b1;b=1'b0; end
        #20 begin a=1'b1;b=1'b1; end
        #20 begin a=1'b0;b=1'b0; end
    end
endmodule
```

七、结果分析

用 Vivado 自带的仿真器进行仿真，仿真结果如图 1-8 所示，符合预定设计的真值表。

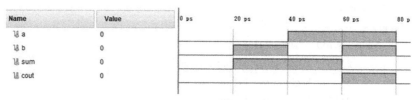

图 1-8　半加器仿真波形

由图 1-8 可以看出,输入端口为 a 和 b,输出端口为 sum 和 cout,在 30 ps 处,a、b 的值分别为 0、1,sum 的值为 1,cout 的值为 0;在 60～80 ps 处,a、b 的值分别为 1、1,sum 的值为 0,cout 的值为 1。

八、思考与练习

根据半加器原理,实现下列器件的设计。

(1)全加器本质上是有进位输入的加法器,输入相加求和之后,结果一部分是和,一部分是进位。试设计一个 1 位全加器。这里 a、b 分别表示 2 个输入的加数,cin 表示进位输入,sum 为和,cout 为进位输出,真值表如表 1-8 所示。

表 1-8　全加器的真值表

a	b	cin	sum	cout
0	0	0	0	0
0	1	0	1	0
1	0	0	1	0
1	1	0	0	1
0	0	1	1	0
0	1	1	0	1
1	0	1	0	1
1	1	1	1	1

(2)半减器在数字逻辑中用于实现减法的基本逻辑。半减器就是指没有低位向高位的借位的减法器,只做两个数的减法,根据情况产生减法结果及借位。这里意为 x－y,diff 为差,sub_out 为向高位的借位输出,真值表如表 1-9 所示。

表 1-9　半减器的真值表

x	y	diff	sub_out
0	0	0	0
0	1	1	1
1	0	1	0
1	1	0	0

(3)全减器本质上是有借位的减法器,以输入 x 减去 y,同时要考虑低位传来的借位,做

完减法,结果一部分是差,一部分是向高位的借位输出。试设计一个 1 位全减器。这里意为 x一y,并且从低位有借位,且 sub_in 为借位输入,diff 为差,sub_out 为向高位的借位输出,真值表如表 1-10 所示。

表 1-10　全减器的真值表

x	y	sub_in	diff	sub_out
0	0	0	0	0
0	0	1	1	1
0	1	0	1	1
0	1	1	0	1
1	0	0	1	0
1	0	1	0	0
1	1	0	0	0
1	1	1	1	1

项目实验5　　奇偶校验

一、实验前的准备

(1)安装好 Vivado 或 Quartus Ⅱ等 FPGA 开发软件,检查开发板、下载线、电源线是否齐全。

(2)熟悉奇偶校验电路的工作原理。

二、实验目的

(1)熟悉利用 Vivado 开发数字电路的基本流程和 Vivado 软件的相关操作。

(2)掌握基本的设计思路及软件环境参数配置、仿真、管脚约束、利用 JTAG 进行下载等基本操作。

(3)了解 Verilog HDL 语言设计或原理图设计方法。

(4)掌握基本组合逻辑的工作原理及设计思路。

三、实验原理

检错码分奇偶校验(parity check)码和循环冗余码两大类。奇偶校验的基本思路是:发送方在发送数据时,首先将数据中"1"的个数进行统计,确定是单数还是双数(对于奇校验,当"1"的个数为偶数时,校验位为"1";当"1"的个数为奇数时,校验位为"0"),并将统计结果发送给接收方,接收方根据校验位的值和所接收到的数据中"1"的个数判断接收数据是否正确。奇偶校验可以分为水平奇偶校验、垂直奇偶校验和混合奇偶校验三种。

奇偶校验可以检验单个字符的正确性。发送端在每个字符的最高位之后附加一个奇偶校验位。这个校验位可为"1"或"0",以便保证整个字符为"1"的位数是奇数(称奇校验)或偶数(称偶校验)。发送端按照奇或偶校验的原则编码后,以字符为单位发送,接收端按照相同的原则检查收到的每个字符中"1"的位数,如果为奇校验,发送端发出的每个字符中"1"的位数为奇数;若接收端收到的字符中"1"的位数也为奇数,则传输正确,否则传输错误。偶校验方法类似,这里不再赘述。本实验要求能够产生简单的奇偶校验位。

四、实验内容

使用 Verilog HDL 语言设计一个奇偶校验电路,通过改变输入的值,把检测的对应结果输出到 LED 显示灯来进行观察验证。

五、设计原理图

奇偶校验电路顶层设计原理如图 1-9 所示。

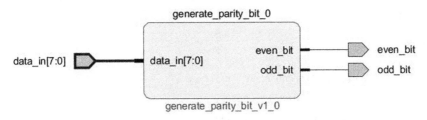

图 1-9　奇偶校验电路顶层设计原理图

由图 1-9 可知,data_in 为 8 位的输入端口,输出端口为 even_bit 和 odd_bit,且 even_bit 为偶校验位,odd_bit 为奇校验位。

六、实验步骤

(1)按照 Vivado 软件的设计流程,新建一个名为"generate_parity_bit"的工程文件,同时新建一个设计文本,并取名为"generate_parity_bit"。

(2)根据奇偶校验的原理输入代码,进行编译、综合。

首先定义实体,对电路的端口进行定义声明,定义中间变量。

```
module generate_parity_bit(data_in, even_bit,odd_bit);
    input [8-1:0] data_in;              //数据位
    output even_bit,odd_bit;            //奇、偶校验位
```

然后对电路的功能进行描述。这里采用 assign 语句(注意逻辑符号"按位或"的使用方法)。

```
    assign even_bit = ^data_in;             //偶校验位
    assign odd_bit = ~even_bit;             //奇校验位
endmodule
```

(3)编写仿真测试代码,并取名为"generate_parity_bit _tb",定义激励信号(注意信号的位宽),定义 Testbench 测试模块以及变量,时间尺度为 ns,精度为 ps,激励信号为 reg 型,输出信号连线为 wire 型。

```
`timescale 1ns / 1ps
module generate_parity_bit_tb;
```

```
        reg [7:0] data_in;                  //定义激励信号
        wire even_bit,odd_bit;              //定义输出信号连线
```

实例化被测模块 generate_parity_bit。这里采用端口映射的方式。

```
generate_parity_bit inst(
        .data_in(data_in),
        .even_bit(even_bit),
        .odd_bit(odd_bit)
);
```

初始化激励信号 data_in 的值。为了方便观察,每延时 20 个时钟单位,改变一次激励信号 data_in 的值。

```
initial
        begin
                data_in=8'b00000000;
                #20 data_in=8'b00000001;
                #20 data_in=8'b01010011;
                #20 data_in=8'b00100101;
                #20 data_in=8'b01101001;
                #20 data_in=8'b00011001;
                #20 data_in=8'b00111001;
                #20 data_in=8'b10111101;
                #20 data_in=8'b00111000;
        end
endmodule
```

七、结果分析

用 Vivado 自带的仿真器进行仿真,仿真结果如图 1-10 所示,符合预定设计的真值表。

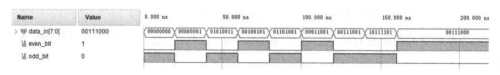

图 1-10　奇偶校验电路仿真波形

由图 1-10 可以看出,输入端口为 data_in,输出端口为 even_bit 和 odd_bit,且 even_bit 为偶校验位,odd_bit 为奇校验位。

八、思考与练习

(1)设计一款补码生成器。数值的补码表示分为以下两种情况。

①正数的补码:与原码相同。

例如,＋9 的补码是 00001001。

②负数的补码:符号位为"1";其余位为该数绝对值的原码按位取反,然后整个数加"1"。

例如,－7 的补码:因为是负数,所以符号位为"1",整个为 10000111;其余 7 位为－7 的绝对值,＋7 的原码 0000111 按位取反为 1111000,再加 1,所以－7 的补码是 11111001。

(2)设计一款四位并行乘法器,即先求得部分积,也就是使二进制数据的乘数和被乘数逐位相乘,之后运用二进制加法进行加和。四位并行乘法器举例如下:

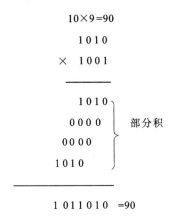

$$10 \times 9 = 90$$

```
        1 0 1 0
    ×   1 0 0 1
    ─────────────
      1 0 1 0  ┐
      0 0 0 0  │  部分积
      0 0 0 0  │
    1 0 1 0    ┘
    ─────────────
  1 0 1 1 0 1 0   = 90
```

项目实验 6　　格雷码变换

一、实验前的准备

(1)安装好 Vivado 或 Quartus Ⅱ 等 FPGA 开发软件,检查开发板、下载线、电源线是否齐全。

(2)熟悉格雷码变换的原理。

二、实验目的

(1)熟悉利用 Vivado 开发数字电路的基本流程和 Vivado 软件的相关操作。

(2)掌握基本的设计思路及软件环境参数配置、仿真、管脚约束、利用 JTAG 进行下载等基本操作。

(3)了解 Verilog HDL 语言设计或原理图设计方法。

(4)掌握基本组合逻辑的工作原理及设计思路。

三、实验原理

在精确定位控制系统中,为了提高控制精度,准确测量控制对象的位置是十分重要的。目前,检测位置的方法有两种。其一是使用位置传感器,测量到的位移量由变送器经 A/D 转换转换成数字量送至系统进行进一步处理。此方法精度高,但在多路、长距离位置监控系统中,由于成本昂贵、安装困难,因此并不实用。其二是采用光电轴角编码器进行精确位置控制。根据刻度方法及信号输出形式,光电轴角编码器可分为增量式、绝对式以及混合式三种。绝对式光电轴角编码器是直接输出数字量的传感器。它是利用自然二进制或循环二进制方式进行光电转换的,编码一般采用自然二进制码、循环二进制码、二进制补码等。它的特点是:不需要计数器,在转轴的任意位置都可读出一个固定的与位置相对应的数字码;抗干扰能力强,没有累积误差;电源切断后位置信息不会丢失,但分辨率是由二进制的位数决定的,根据不同的精度要求,可以选择不同的分辨率,即位数。目前有 10 位、11 位、12 位、13 位、14 位和更高位等多种绝对式光电轴角编码器。

采用循环二进制编码的绝对式光电轴角编码器的输出信号是一种数字排序,不是权重码,每一位没有确定的大小,不能直接比较大小和进行算术运算,也不能直接转换成其他信号,要经过一次码变换,变成自然二进制码,再由上位机读取以实现相应的控制。另外,在码制变换中,有不同的处理方式。

1.格雷码介绍

格雷码(Gray code)又叫循环二进制码或反射二进制码,是诸多二进制码中的一种。它的主要特点是:任意 2 个相邻的码之间只有 1 个数不同,大大地减少了由一个状态到下一个状态时逻辑的混淆。格雷码属于可靠性编码,是一种错误最小化的编码方式。

格雷码是由贝尔实验室的 Frank Gray 在 20 世纪 40 年代提出的,用来在使用 PCM (pulse code modulation)方法传送信号时避免出错。Frank Gray 于 1953 年 3 月 17 日取得美国专利。由定义可知,格雷码的编码方式不是唯一的,这里讨论的是最常用的一种。

在数字系统中只能识别"0"和"1",各种数据要转换为二进制码才能进行处理。格雷码是一种无权码,采用绝对编码方式。典型的格雷码是一种具有反射特性和循环特性的单步自补码,它的循环、单步特性消除了随机取数时出现重大误差的可能,它的反射、自补特性使得求反非常方便。格雷码属于可靠性编码,是一种错误最小化的编码方式,这是因为:自然二进制码可以直接由 D/A 转换器转换成模拟信号,但在某些情况下,例如从十进制的 3 转换成 4 时二进制码的每一位都要变,使数字电路产生很大的尖峰电流脉冲;而格雷码没有这一缺点,它是一种数字排序系统,其中的所有相邻整数在它们的数字表示中都只有一个数字不同。它在任意两个相邻的数之间转换时,只有一个数位发生变化,大大减少了由一个状态到下一个状态时逻辑的混淆。另外,由于最大数与最小数之间也仅一个数不同,因此格雷码通常又叫格雷反射码或循环码。表 1-11 所示为格雷码与自然二进制数转换真值表。

表 1-11　格雷码与自然二进制数转换真值表

十进制数	自然二进制数	格雷码	十进制数	自然二进制数	格雷码
0	0000	0000	8	1000	1100
1	0001	0001	9	1001	1101
2	0010	0011	10	1010	1111
3	0011	0010	11	1011	1110
4	0100	0110	12	1100	1010
5	0101	0111	13	1101	1011
6	0110	0101	14	1110	1001
7	0111	0100	15	1111	1000

2.二进制格雷码与自然二进制码的转换

自然二进制码转换成二进制格雷码的法则是保留自然二进制码的最高位作为格雷码的最高位,格雷码的次高位为二进制码的最高位与次高位相异或,而格雷码其余各位与次高位的求法相类似。自然二进制码转换成二进制格雷码的原理如图 1-11 所示。

自然二进制码→二进制格雷码(编码):从最右边一位起,依次将每一位与左边一位相异或(XOR),作为格雷码该位的值,最左边一位不变(相当于左边是 0)。

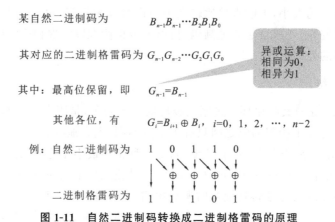

某自然二进制码为 $B_{n-1}B_{n-1}\cdots B_2B_1B_0$

其对应的二进制格雷码为 $G_{n-1}G_{n-2}\cdots G_2G_1G_0$

异或运算：
相同为0，
相异为1

其中：最高位保留，即 $G_{n-1}=B_{n-1}$

其他各位，有 $G_i=B_{i+1}\oplus B_i$，$i=0,1,2,\cdots,n-2$

例：自然二进制码为 1 0 1 1 0

二进制格雷码为 1 1 1 0 1

图 1-11 自然二进制码转换成二进制格雷码的原理

四、实验内容

使用 Verilog HDL 语言进行格雷码变换，用软件进行仿真，观察仿真波形，验证结果正确后，将代码下载到 FPGA 开发板。

五、设计原理图

二进制码转格雷码 RTL 电路如图 1-12 所示。

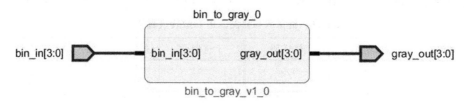

bin_to_gray_0

bin_in[3:0]　　　　　bin_in[3:0]　　gray_out[3:0]　　　　　gray_out[3:0]

bin_to_gray_v1_0

图 1-12 二进制码转格雷码 RTL 电路图

由图 1-12 可知，输入端口 bin_in 为 4 位的二进制数据，输出端口 gray_out 为 4 位的格雷码。

六、实验步骤

（1）按照 Vivado 软件的设计流程，新建一个名为"bin_to_gray"的工程文件，同时新建一个设计文本，并取名为"bin_to_gray"。

（2）根据格雷码变换的原理输入代码，进行编译、综合。

首先定义实体，对电路的端口进行定义声明，定义中间变量。

```
module bin_to_gray (bin_in,gray_out);
    parameter data_width = 4;              //定义常量
    input [data_width-1:0] bin_in;
    output [data_width-1:0] gray_out;
```

然后对电路的功能进行描述。

```
assign gray_out = (bin_in >> 1) ^ bin_in;
endmodule
```

（3）编写仿真测试代码，并取名为"bin_to_gray_tb"，定义激励信号（注意信号的位宽），定义 Testbench 测试模块以及变量，时间尺度为 ns，精度为 ps，激励信号为 reg 型，输出信号连线为 wire 型。

```
`timescale 1ns / 1ps
module bin_to_gray_tb;
    reg [3:0] bin_in;
    wire [3:0] gray_out;
```

实例化被测模块 bin_to_gray。这里采用端口映射的方式。

```
bin_to_gray inst(
        .bin_in(bin_in),
        .gray_out(gray_out)
);
```

初始化激励信号 bin_in 的值。为了方便观察，每延时 20 个时钟单位，改变一次激励信号 bin_in 的值。

```
initial
    begin
        bin_in=4'b0000;
        #20 bin_in=4'b0001;
        #20 bin_in=4'b0010;
        #20 bin_in=4'b0011;
        #20 bin_in=4'b0100;
        #20 bin_in=4'b0101;
        #20 bin_in=4'b0110;
        #20 bin_in=4'b0111;
        #20 bin_in=4'b1000;
        #20 bin_in=4'b1001;
        #20 bin_in=4'b1010;
        #20 bin_in=4'b1011;
        #20 bin_in=4'b1100;
        #20 bin_in=4'b1101;
        #20 bin_in=4'b1110;
        #20 bin_in=4'b1111;
    end
endmodule
```

七、结果分析

用 Vivado 自带的仿真器进行仿真,仿真结果如图 1-13 所示,符合预定设计的结果。

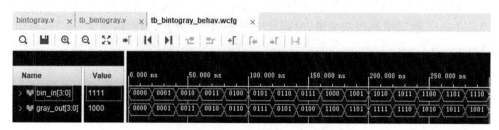

图 1-13　二进制码转格雷码仿真波形

由图 1-13 可以看出,输入端口为 bin_in,输出端口为 gray_out,仿真波形与二进制码转格雷码真值表匹配。

八、思考与练习

仿真二进制格雷码转换成自然二进制码。二进制格雷码转换成自然二进制码的法则是保留格雷码的最高位作为自然二进制码的最高位,自然二进制码的次高位为自然二进制码的最高位与二进制格雷码的次高位相异或,而自然二进制码的其余各位与自然二进制码次高位的求法相类似。二进制格雷码转换成自然二进制码的原理如图 1-14 所示。

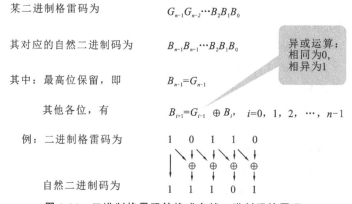

图 1-14　二进制格雷码转换成自然二进制码的原理

二进制格雷码→自然二进制码(解码):从左边第二位起,将每位与左边一位解码后的值异或,作为该位解码后的值(最左边一位依然不变)。

数学(计算机)描述如下:

原码,$p[0\sim n]$;格雷码,$c[0\sim n]$($n\in \mathbf{N}$);编码,$c=G(p)$;解码,$p=F(c)$。书写时从左向右标号依次减小.

编码:$c[i]=p[i]\ \mathrm{XOR}\ p[i+1]$($i\in \mathbf{N},0\leqslant i\leqslant n-1$),$c[n]=p[n]$。

解码:$p[n]=c[n]$,$p[i]=c[i]\ \mathrm{XOR}\ c[i+1]$($i\in \mathbf{N},0\leqslant i\leqslant n-1$)。

项目实验 7　　四位移位寄存器

一、实验前的准备

（1）安装好 Vivado 或 Quartus Ⅱ等 FPGA 开发软件，检查开发板、下载线、电源线是否齐全。

（2）熟悉 D 触发器和移位寄存器的工作原理。

二、实验目的

（1）熟悉利用 Vivado 开发数字电路的基本流程和 Vivado 软件的相关操作。

（2）掌握基本的设计思路及软件环境参数配置、仿真、管脚约束、利用 JTAG 进行下载等基本操作。

（3）了解 Verilog HDL 语言设计或原理图设计方法。

（4）通过本知识点的学习，了解移位寄存器的工作原理，掌握串行输入寄存器的应用。

三、实验原理

1. 寄存器概述

寄存器是由若干触发器和控制门组成的逻辑电路，其功能是暂存数据或指令。图 1-15 所示的是由 4 个正沿触发的 D 触发器组成的 4D 寄存器。

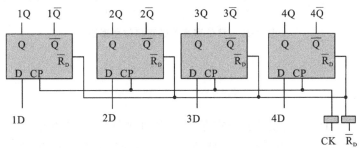

图 1-15　4D 寄存器

31

4D 寄存器的功能如下：

当 $\overline{R}_D = 0$ 时，各触发器均置 0。

当 $\overline{R}_D = 1$ 时，CP 边沿到来，各触发器被触发，$Q = D$。

2.移位寄存器

在时钟信号的控制下，能够将所寄存的数据向左或向右移位的寄存器称为移位寄存器。向右移位的移位寄存器称为右移位寄存器，向左移位的移位寄存器称为左移位寄存器，具有右移、左移并行置数功能的移位寄存器称为通用移位寄存器。

移位寄存器是串行输入的寄存器。图 1-16 所示右移位寄存器的特点是：寄存器由 4 个 D 触发器组成，寄存器中低位触发器的输出作为高位触发器的输入，每来一个 CP，寄存器中的数右移一位。

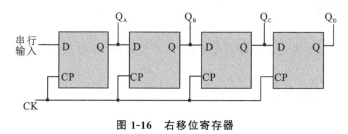

图 1-16　右移位寄存器

移位寄存器应用很广，可构成移位寄存型计数器、顺序脉冲发生器、串行累加器，可用于数据转换，即把串行数据转换为并行数据，或把并行数据转换为串行数据等。本实验研究移位寄存器用作环形计数器和串行累加器的情况。

把移位寄存器的输出反馈到它的串行输入端，就可以进行循环移位，如图 1-17(a)所示的四位右移位寄存器，把输出 Q_D 和右移串行输入端 S_R 相连接，设初始状态 $Q_A Q_B Q_C Q_D = 1000$，则在时钟脉冲的作用下，$Q_A Q_B Q_C Q_D$ 将依次变为 0100→0010→0001→1000→……，相关的波形如图 1-17(b)所示。可见，它是一个具有四个有效状态的计数器。图 1-17(a)所示的电路可以由各个输出端输出在时间上有先后顺序的脉冲，因此也可作为顺序脉冲发生器。

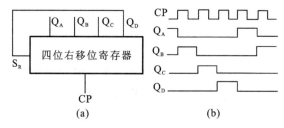

图 1-17　移位寄存器循环移位原理图

四、实验内容

使用 Verilog HDL 语言设计移位寄存器，用软件进行仿真，观察仿真波形，验证结果正确后，将代码下载到 FPGA 开发板。脉冲信号通过时钟信号分频得到，移位后的输出可通过 LED 显示灯观察。

五、设计原理图

移位寄存器 RTL 电路如图 1-18 所示。

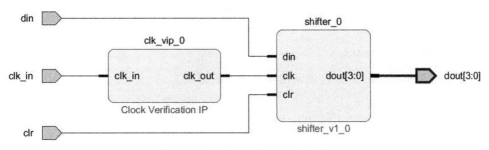

图 1-18　移位寄存器 RTL 电路图

由图 1-18 可知,移位寄存器采用顶层设计的方法,子模块有两个:clk_vip_0 实现将系统时钟 50 MHz 分频为 2 Hz(此实验可略,仿真时直接设置 clk 的频率);shifter_0 实现移位寄存器的功能。该设计有三个输入端口(din、clk、clr)和一个输出端口(dout)。其中,din 为 1 位数据输入端口,clk 为系统时钟输入端口,clr 为复位信号输入端口,dout 为 4 位的移位数据输出端口。

六、实验步骤

(1)按照 Vivado 软件的设计流程,新建一个名为"shifter"的工程文件,同时新建一个设计文本,并取名为"shifter"。

(2)根据移位寄存器的原理输入代码,进行编译、综合。

首先定义实体,对电路的端口进行定义声明,定义中间变量。

```
module shifter(din,clk,clr,dout);
    input din,clk,clr;
    output [3:0] dout;
    reg [3:0] dout;
```

然后对电路的功能进行描述。这里采用边沿触发的方式,clr 为同步清 0 信号。

```
always @(posedge clk)
  begin
    if(clr) dout<= 4'b0;        //同步清 0,高电平有效
    else
      begin
        dout <= dout << 1;     //输出信号左移一位
        dout[0] <= din;        //输入信号补充到输出信号的最低位
      end
  end
endmodule
```

(3)编写仿真测试代码,并取名为"shifter_tb",定义激励信号(注意信号的位宽),定义 Testbench 测试模块以及变量,时间尺度为 ns,精度为 ps,激励信号为 reg 型,输出信号连线为 wire 型。

```
'timescale 1ns / 1ps
module shifter_tb;
    reg din,clk,clr;
    wire [3:0] dout;
```

实例化被测模块 shifter。这里采用端口映射的方式。

```
shifter inst(
    .din(din),
    .clk(clk),
    .clr(clr),
    .dout(dout)
);
```

初始化激励信号 clk、clr 和 din 的值,延时 100 个时钟单位,clr 置 0;延时 20 个时钟单位,din 置 1;延时 10 个时钟单位,din 置 0,重复 100 次。为了方便观察,每延时 10 个时钟单位,改变一次激励信号 clk 的值。

```
initial
    begin
        clk=1'b1;
        clr=1'b1;
        din=1'b0;
        #100 clr=1'b0;
        repeat(100)
        begin
            #20 din=1'b1;
            #10 din=1'b0;
        end
    end
always #10 clk=~clk;
endmodule
```

七、结果分析

用 Vivado 自带的仿真器进行仿真,仿真结果如图 1-19 所示,符合预定设计的结果。

当 clr 变为高电平(同步清 0,高电平有效)时,不管其他信号如何,均在时钟上升沿清 0(同步);在其余时钟周期,输出 dout 在上升沿根据上文所述的移位寄存器工作原理出现。

经过 Vivado 编译、综合后,得到的 RTL 电路如图 1-20 所示。根据图 1-20,可以选中某一个元器件,右键单击 go to source 或按 F7,查看元器件所对应的代码语句。

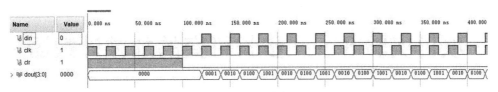

图 1-19　移位寄存器仿真波形

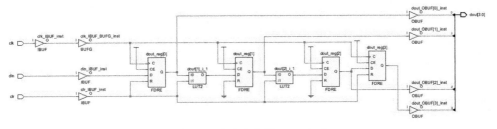

图 1-20　移位寄存器 RTL 电路

八、思考与练习

(1)根据四位移位寄存器原理,设计一款八位的右移位寄存器。

(2)设计通用移位寄存器,可以用一变量控制左右移动的状态。

项目实验 8   步长可变的加减计数器

一、实验前的准备

(1)安装好 Vivado 或 Quartus Ⅱ等 FPGA 开发软件,检查开发板、下载线、电源线是否齐全。

(2)熟悉计数器的工作原理。

二、实验目的

(1)熟悉利用 Vivado 开发数字电路的基本流程和 Vivado 软件的相关操作。

(2)掌握基本的设计思路及软件环境参数配置、仿真、管脚约束、利用 JTAG 进行下载等基本操作。

(3)了解 Verilog HDL 语言设计或原理图设计方法。

(4)通过本知识点的学习,了解基本计数器的工作原理,掌握用真值表、状态转换真值表、特性方程和状态转换图描述触发器的逻辑功能及触发器的应用。

三、实验原理

计数器的功能是记忆脉冲的个数。它是数字系统中应用最广泛的基本时序逻辑构件。它所能记忆的脉冲的最大数目称为计数器的模,用字母 M 来表示。

计数器的种类繁多,分类方法也不同。按计数器的功能来分,计数器可分为加法计数器、减法计数器和可逆计数器;按进位基数来分,计数器可分为二进制计数器(模为 2^r 的计数器,r 为整数)、十进制计数器和任意进制计数器;按计数器的进位方式来分,计数器可分为同步计数器(又称为并行计数器)和异步计数器(又称为串行计数器)。构成计数器的核心元件是触发器。

步长可变的加减计数器是指步长可以控制,实现不同的计数步长,同时可以实现加计数,也可以进行减计数的功能。

四、实验内容

使用 Verilog HDL 语言设计带同步清 0 的步长可变的加减计数器，进行仿真、下载和验证，结果显示在 LED 上。

五、设计原理图

步长可变的加减计数器如图 1-21 所示。

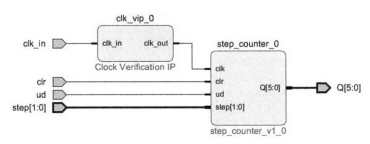

图 1-21　步长可变的加减计数器

由图 1-21 可知，步长可变的加减计数器采用顶层设计的方法，子模块有 2 个：clk_vip_0 实现将系统时钟 50 MHz 分频为 2 Hz（此实验可略，仿真直接设置 clk 的频率）；step_counter_0 实现不同步长计数功能。该设计有 4 个输入端口：clk 为系统时钟输入端口；clr 为复位信号输入端口；ud 为 1 位数据输入端口，起控制计数器实现加或者减的功能，可设置 ud 为"1"表示加，ud 为"0"表示减；step 为 2 位输入信号输入端口，可以用来设置步长，最大可以设置步长为"3"，若想增加步长，可改变 step 的位宽。该设计有 1 个输出端口 Q，用于输出 6 位计数结果。

六、实验步骤

（1）按照 Vivado 软件的设计流程，新建一个名为"step_counter"的工程文件，同时新建一个设计文本，并取名为"step_counter"。

（2）根据计数器的原理输入代码，进行编译、综合。

首先定义实体，对电路的端口进行定义声明，定义中间变量。

```
module step_counter(Q,clk,clr,ud,step);
    input clk,clr,ud;
    input [1:0] step;
    output [5:0] Q;
    reg [5:0] cnt=0;
    assign Q =cnt;
```

然后对电路的功能进行描述，ud 控制加、减的状态，step 为每次步长。

```
always @(posedge clk)
```

```
        begin
            if(! clr)    cnt <= 6'b000000;              //同步清0,低电平有效
            else begin
                if (ud) cnt = cnt + step;               //加法计数
                else cnt = cnt - step;                  //减法计数
            end
        end
endmodule
```

（3）编写仿真测试代码,并取名为"step_counter_tb",定义激励信号（注意信号的位宽）,定义 Testbench 测试模块以及变量,时间尺度为 ns,精度为 ps,激励信号为 reg 型,输出信号连线为 wire 型。

```
'timescale 1ns / 1ps
module step_counter_tb;
    reg clk,clr,ud;
    reg [1:0] step;
    wire [5:0] Q;
```

实例化被测模块 step_counter。这里采用端口映射的方式。

```
step_counter inst(
    . clk(clk),
    . clr(clr),
    . ud(ud),
    . step(step),
    . Q(Q)
);
```

初始化激励信号 clk、clr、ud、step 的值。延时 5 个时钟单位,clr 置 1;延时 500 个时钟单位,ud 置 1。为了方便观察,每延时 20 个时钟单位,改变一次激励信号 clk 的值。

```
initial
        begin
            clk=1'b0;
            clr=1'b0;
            ud=1'b0;
            step=2'b11;
            #5 clr=1'b1;
            #500 ud=1'b1;
        end
always #20 clk=~clk;
endmodule
```

七、结果分析

用 Vivado 自带的仿真器进行仿真,仿真结果如图 1-22 至图 1-24 所示,符合预定设计的结果。

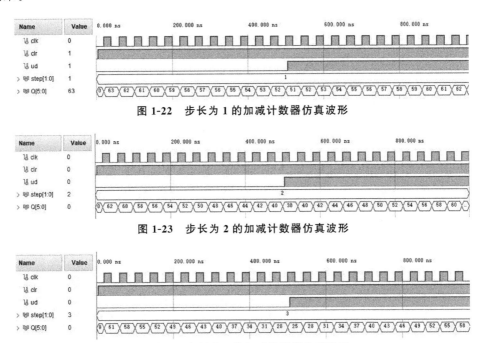

图 1-22　步长为 1 的加减计数器仿真波形

图 1-23　步长为 2 的加减计数器仿真波形

图 1-24　步长为 3 的加减计数器仿真波形

当 clr 变为低电平(低电平有效)时,不管其他信号如何,均清 0(同步);在其余时钟周期,输出 Q 在上升沿进行计数,当 ud 为低电平时进行减计数,当 ud 为高电平时进行加计数,实现了可逆,同时 step 的值控制了计数器的步长,实现了步长可变的加减计数。经过 Vivado 编译、综合后,得到的 RTL 电路如图 1-25 所示。根据图 1-25,可以选中某一个元器件,右键单击 go to source 或按 F7,查看元器件所对应的代码语句。

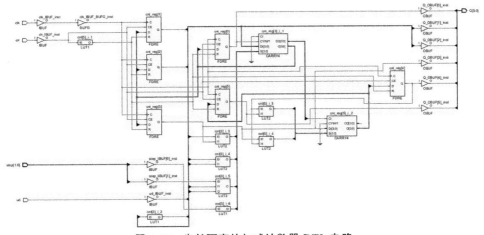

图 1-25　步长可变的加减计数器 RTL 电路

八、思考与练习

根据步长可变的加减计数器,设计一款六十进制的加减计数器,要求具有异步清 0、同步使能、预置数、溢出进位功能。

项目实验 9　　序列信号发生器

一、实验前的准备

(1)安装好 Vivado 或 Quartus Ⅱ等 FPGA 开发软件,检查开发板、下载线、电源线是否齐全。

(2)熟悉序列信号发生器的工作原理。

二、实验目的

(1)熟悉利用 Vivado 开发数字电路的基本流程和 Vivado 软件的相关操作。

(2)掌握基本的设计思路及软件环境参数配置、仿真、管脚约束、利用 JTAG 进行下载等基本操作。

(3)了解 Verilog HDL 语言设计或原理图设计方法。

(4)通过本知识点的学习,了解序列信号发生器的工作原理,掌握其逻辑功能及设计方法。

三、实验原理

序列信号发生器是能够循环产生一组或多组序列信号的时序电路。它可以用移位寄存器或计数器构成。序列信号的种类很多,按照序列信号循环长度 M 和触发器数目 n 的关系,序列信号一般可分为以下三种:

(1)最大循环长度序列信号,$M = 2^n$。

(2)最大线性序列信号(M 序列信号),$M = 2^n - 1$。

(3)任意循环长度序列信号,$M < 2^n$。

在通常情况下,要求按照给定的序列信号来设计序列信号发生器。序列信号发生器一般有两种结构形式,一种是反馈移位型,另一种是计数型。

反馈移位型序列信号发生器结构框图如图 1-26 所示。它由移位寄存器和组合反馈网络组成,从移位寄存器的某一输出端可以得到周期性的序列信号。该序列信号发生器的设计按以下步骤进行:第一步,根据给定序列信号的循环长度 M,确定移位寄存器位数 n,2^{n-1}

$<M\leqslant 2^n$；第二步，确定移位寄存器的 M 个独立的状态。

将给定的序列信号按照移位规律 n 位一组，划分为 M 个状态。若 M 个状态中出现重复现象，则应增加移位寄存器位数。用 $n+1$ 位再重复上述过程，直到划分为 M 个独立的状态为止。

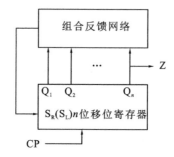

图 1-26　反馈移位型序列信号发生器结构框图

计数型序列信号发生器结构框图如图 1-27 所示。它由计数器和组合反馈网络两部分组成，序列信号从组合反馈网络输出。该序列信号发生器的设计分两步：第一步，根据序列信号的长度 M 设计模 M 计数器，状态可以自定；第二步，按计数器的状态转移关系和序列信号的要求设计组合反馈网络。由于计数器的状态设置和输出序列的更改比较方便，因此计数型序列信号发生器还能同时产生多组序列信号。

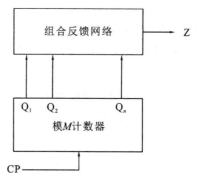

图 1-27　计数型序列信号发生器结构框图

计数器的每一位可以输出位长为 8 的 0-1 周期序列信号，因此要按序列要求规定各个状态的编码。这实际上就是设计一个有指定编码状态的计数器。

四、实验内容

使用 Verilog HDL 语言设计一个序列信号发生器，要求能够按一定的周期输出一定的序列信号，进行仿真、下载和验证，结果显示在 LED 上。

五、设计原理图

序列信号发生器顶层设计原理如图 1-28 所示。

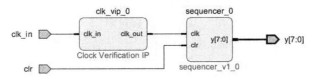

图 1-28　序列信号发生器顶层设计原理图

由图 1-28 可见,序列信号发生器采用顶层设计的方式进行设计,子模块分别为分频模块 clk_vip_0 和序列信号发生器模块 sequencer_0,clk_vip_0 实现将 50 MHz 的信号分频为 2 Hz 信号(此实验可略,仿真时直接设置 clk 的频率),sequencer_0 实现序列信号发生的功能。输入端口 clk_in 输入时钟频率为 50 MHz 的信号;clr 为复位信号输入端口,可用一个按键控制复位;输出为 8 位的序列信号,可在 LED 上进行显示验证。

六、实验步骤

(1)新建一个名为"sequencer"的工程文件,同时新建一个设计文本,并取名为"sequencer"。

(2)根据序列信号发生器的原理输入代码,进行编译、综合。

首先定义实体,对电路的端口进行定义声明,定义中间变量及常量。

```
module sequencer (y,clk,clr)
    output [7:0] y;
    input clk,clr;
    reg [7:0] yt;
    parameter  s0=8'b1000_0000,        // s0,定义状态常量
    s1=8'b1100_0001,                   // s1,定义状态常量
    s2=8'b1110_0000,                   // s2,定义状态常量
    s3=8'b0001_0000,
    s4=8'b1111_1000,
    s5=8'b0000_0011,
    s6=8'b1111_0011,
    s7=8'b0000_0001;                       //s7
```

然后对电路的功能进行描述。该部分实现状态输出,每种状态下的序列信号不一样,由上一步骤定义。

```
always @(posedge clk)
    begin
      if(clr)
        yt<=s0;            //清 0,回到 s0 状态
      else
          begin
            case(yt)
              s0: yt<=s1;    //状态从 s0 转到 s1
```

```
            s1：yt<=s2；  //状态从 s1 转到 s2
            s2：yt<=s3；  //状态从 s2 转到 s3
            s3：yt<=s4；
            s4：yt<=s5；
            s5：yt<=s6；
            s6：yt<=s7；
            s7：yt<=s0；  //状态从 s7 转到 s0
            default：yt<=s0；  //default s7 to s0
        endcase
    end
end
assign y=yt；
endmodule
```

(3)编写仿真测试代码,并取名为"sequencer_tb",定义激励信号(注意信号的位宽),定义 Testbench 测试模块以及变量,时间尺度为 ns,精度为 ps,激励信号为 reg 型,输出信号连线为 wire 型。

```
'timescale 1ns / 1ps
module sequencer_tb；
    wire [7：0] y；
    reg clk,clr；
```

实例化被测模块 sequencer。这里采用端口映射的方式。

```
sequencer inst(
    . y(y),
    . clk(clk),
    . clr(clr)
)；
```

初始化激励信号 clk、clr 的值。延时 100 个时钟单位,clr 置 0。为了方便观察,每延时 20 个时钟单位,改变一次激励信号 clk 的值。

```
initial
    begin
        clk=1'b0；
        clr=1'b1；
        #100 clr=1'b0；
    end
    always #20clk=~clk；
endmodule
```

七、结果分析

用 Vivado 自带的仿真器进行仿真,仿真结果如图 1-29 所示,符合预定设计的结果。

图 1-29　序列信号发生器仿真波形

当 clr 变为高电平时,不管其他信号如何,均进行置位,输出为 s0 状态,本设计中为 10000000;当 clr 为低电平时,随着每一个 clk 时钟上升沿的到来,产生不同的序列信号,并按照设定的状态进行输出。经过 Vivado 编译、综合后,得到的 RTL 电路如图 1-30 所示。根据图 1-30,可以选中某一个元器件,右键单击 go to source 或按 F7,查看元器件所对应的代码语句。

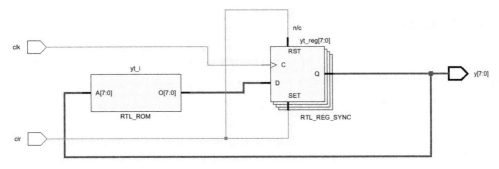

图 1-30　序列信号发生器 RTL 电路图

八、思考与练习

根据序列信号发生器原理,设计一款模为 16 的序列信号发生器。

项目实验 10　　用状态机实现串行数据检测器

一、实验前的准备

(1)安装好 Vivado 或 Quartus Ⅱ 等 FPGA 开发软件,检查开发板、下载线、电源线是否齐全。

(2)熟悉状态机和数据检测器的工作原理。

二、实验目的

(1)熟悉利用 Vivado 开发数字电路的基本流程和 Vivado 软件的相关操作。

(2)掌握基本的设计思路及软件环境参数配置、仿真、管脚约束、利用 JTAG 进行下载等基本操作。

(3)了解 Verilog HDL 语言设计或原理图设计方法。

(4)通过本知识点的学习,了解数据检测器的工作原理,掌握其逻辑功能及设计方法。

三、实验原理

串行序列产生是指根据时钟和相应的控制信号,产生稳定的单比特输出信号;检测器指检测相应时钟输入的电平序列中是否存在预设的序列,无论从第几个输入开始,只要存在,总能检测到,且检测到时予以标示。

序列检测器可用于检测一组或多组由二进制码组成的脉冲序列信号,在数字通信领域有广泛的应用。当序列检测器连续收到一组串行二进制码后,如果这组码与检测器中预先设置的码相同,则输出 1,否则输出 0。由于这种检测的关键在于正确码的收到必须是连续的,因此要求检测器必须记住前一次的正确码,直到在连续的检测中所收到的每一位码都与预置数的对应码相同。在检测过程中,任何一位不相等都将回到初始状态重新开始检测。鉴于此,利用 Moore 状态机方式来设计序列检测器的逻辑较为方便。

四、实验内容

(1)使用 Verilog HDL 语言设计串行数据检测器;检测"11100110"序列,无论从第几个输入开始,只要存在,总能检测到预设的序列并予以高电平"1"标示。

(2)用 Vivado 软件进行编译、仿真,将代码下载到实验平台进行验证。

五、设计原理图

串行数据检测器顶层设计原理如图 1-31 所示。

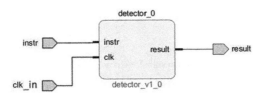

图 1-31   串行数据检测器顶层设计原理图

在图 1-31 中,输入端口 clk_in 输入时钟频率为 50 MHz 的信号,instr 为数据输入端口,输出端口 result 输出 1 位的指示信号,可在 LED 上进行显示验证。

六、实验步骤

(1)新建一个名为"detector"的工程文件,同时新建一个设计文本,并取名为"detector"。
(2)根据序列检测器的原理输入代码,进行编译、综合。
首先定义实体,对电路的端口进行定义声明,定义中间变量。

```
module detector(result,instr,clk);
    input instr,clk;
    output result;
    reg [2:0] cstate=0,nextstate=0;
    reg result=1;
    parameter s0=0,s1=1,s2=2,s3=3,s4=4,s5=5,s6=6,s7=7; //8 种状态常量化
```

然后对电路的功能进行描述,讨论每种状态的输出值以及状态转移。

```
always @(posedge clk)                // 定义起始状态
    begin
        cstate<=nextstate;
    end
always @(cstate or instr)            // 定义状态转换
    begin
    case(cstate)
    s0 : begin
            if(instr==1) begin result<=0; nextstate<=s1; end   //判断第 1 位是否为 1
            else      nextstate<=s0;
        end
```

```verilog
        s1 : begin
                if(instr==1) begin result<=0; nextstate<=s2; end   //判断第 2 位是否为 1
                else        nextstate<=s0;
            end
        s2 : begin
                if(instr==1) begin result<=0; nextstate<=s3; end //判断第 3 位是否为 1
                else        nextstate<=s0;
            end
        s3 : begin
                if(instr==0) begin result<=0; nextstate<=s4; end   //判断第 4 位是否为 0
                else        nextstate<=s0;
            end
        s4 : begin
                if(instr==0) begin result<=0; nextstate<=s5; end //判断第 5 位是否为 0
                else        nextstate<=s0;
            end
        s5 : begin
                if(instr==1) begin result<=0; nextstate<=s6; end //判断第 6 位是否为 1
                else        nextstate<=s0;
            end
        s6 : begin
                if(instr==1) begin result<=0; nextstate<=s7; end //判断第 7 位是否为 1
                else        nextstate<=s0;
            end
        s7 : begin
                if(instr==0) begin result<=1; nextstate<=s0; end //判断第 8 位是否为 0
                else   begin result<=0; nextstate<=s0; end   //回到 s0 状态从新检测
            end
        endcase
    end
endmodule
```

（3）编写仿真测试代码，并取名为"detector_tb"，定义激励信号（注意信号的位宽），定义
Testbench 测试模块以及变量，时间尺度为 ns，精度为 ps，激励信号为 reg 型，输出信号连线
为 wire 型。

```verilog
`timescale 1ns / 1ps
module detector_tb;
    wire result;
    reg instr;
    reg clk;
```

实例化被测模块 detector。这里采用端口映射的方式。

```
detector inst(
        .result(result),
        .instr(instr),
        .clk(clk)
    );
```

初始化激励信号 clk、instr 的值。延时 40 个时钟单位,改变一次 instr 的值,重复 10
次。为了方便观察,每延时 20 个时钟单位,改变一次激励信号 clk 的值,持续重复。

```
initial
        begin
            clk=1'b0;
            instr=1'b0;
            repeat(10)
                begin
                #40 instr=1'b1;
                #40 instr=1'b1;
                #40 instr=1'b1;
                #40 instr=1'b0;
                #40 instr=1'b0;
                #40 instr=1'b1;
                #40 instr=1'b1;
                #40 instr=1'b0;
                end
        end
    always #20 clk = ~clk;//时钟信号
endmodule
```

七、结果分析

用 Vivado 自带的仿真器进行仿真,仿真结果如图 1-32 所示,符合预定设计的结果。

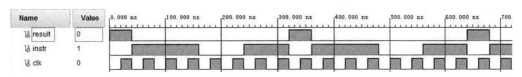

图 1-32　串行数据检测器仿真波形

在 instr 数据连续传递的过程中,出现要检测的序列“11100110”,result 信号出现高电
平,表示检测到了。经过 Vivado 编译、综合后,得到的 RTL 电路如图 1-33 所示。根据
图 1-33,可以选中某一个元器件,右键单击 go to source 或按 F7,查看元器件所对应的代码
语句。

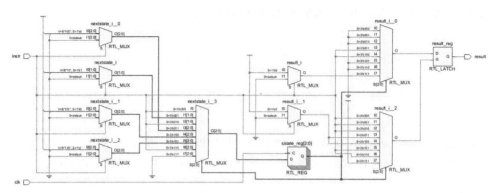

图 1-33 串行数据检测器 RTL 电路图

八、思考与练习

（1）利用 Verilog HDL 语言实现"11001"序列产生的程序，然后进行仿真程序的编写，检查设计是否达到了预定要求。

（2）设计一款电子密码锁，要求输入的密码正确时锁被打开。

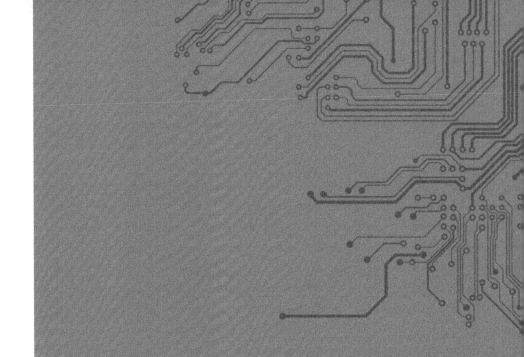

第2部分
基于Verilog的FPGA系统设计实例

FPGA 基于 Verilog HDL 的语法通过搭积木的方式对 FPGA 硬件进行编程、综合、适配等,构造出要设计的系统硬件电路,模块之间是并行执行的。为帮助大家学习 FPGA 的设计方法,本部分选取了一些在实验中经常用到的实例,使用 FPGA 来实现,目的是让大家了解不同芯片设计思想上的差异,同时进一步熟悉和掌握之前学过的语法。

　　在本部分,LED 花样灯控制模块的设计包括项目实验 11 至项目实验 14,共四个实验。花样灯模块的设计方式非常多,编程思路也不同,可以通过简单进程实现,这里仅列出典型的几例供大家参考。

　　数码管接口电路的 Verilog HDL 实现包括项目实验 15 至项目实验 19,共五个实验。

1.数码管概述

　　数码管是电路中常见的显示元件,按段数分为 7 段数码管和 8 段数码管。8 段数码管比 7 段数码管多一个发光二极管单元(多一个小数点显示)。按照显示"8"的个数,数码管可分为 1 位、2 位、4 位等数码管,如图 2-1 所示。

图 2-1　数码管的类型

　　按发光二极管单元连接方式,数码管分为共阳极数码管和共阴极数码管。共阳极数码管是指将所有发光二极管的阳极接到一起形成公共阳极的数码管。共阳极数码管在应用时应将公共阳极接到+5 V 或+3.3 V 电源上,当某一字段发光二极管的阴极为低电平时,相应字段发光二极管就被点亮;当某一字段发光二极管的阴极为高电平时,相应字段发光二极管就不亮。共阴极数码管是指将所有发光二极管的阴极接到一起形成公共阴极(COM)的数码管。共阴极数码管在应用时应将公共阴极 COM 接到地线 GND 上,当某一字段发光二极管的阳极为高电平时,相应字段发光二极管就被点亮;当某一字段的阳极为低电平时,相应字段发光二极管就不亮。数码管的原理如图 2-2 所示。

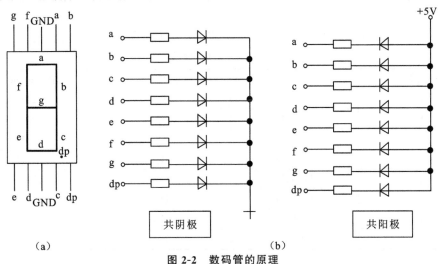

　　（a）　　　　　　　　　　　　　　　（b）

图 2-2　数码管的原理

2. 数码管的连接方式

任何一个 7 段数码管都有 128 种显示模式,而其中的数字 0~9 是最有用也是最常见的。通过控制共阳极(共阴极)数码管的阴极(阳极),可以显示数字 0~9。对于多位数码管而言,实际中为了简化电路,常常需要将所有共阴极数码管的阳极接到一起,将所有共阳极数码管的阴极接到一起,用多个独立的位选和 7 个(或 8 个)公共段选控制所有的数码管。

由于所有数码管共用段选,为了独立显示每位数码管,只能用段选来区分不同的数码管,具体来说就是每次只将某一位数码管的位选置为有效,使其他数码管的位选都无效。此时的段选决定了该位数码的显示。然后在下一个时刻,置下一位数码管的位选有效,使其他数码管位选都无效。依次类推,循环往复。如果刷新时间 T 共有 4 位数码管,则用于显示的控制时序位选有效持续时间如图 2-3 所示。

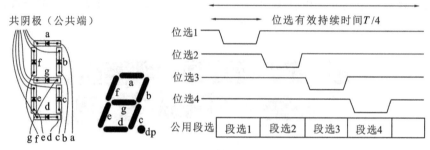

图 2-3   位选有效持续时间图

位选 1 为低电平时(其他位选都为高电平),第 1 位数码管被选中,此时的公共段选用于第 1 位数码管的显示;位选 2 为低电平时(其他位选都为高电平),第 2 位数码管被公共段选选中,此时的公共段选用于第 2 位数码管的显示,第 3、4 位数码管的显示依次类推。在一个刷新周期 T 内,每位数码管都有 $T/4$ 的时间被刷新。为了保证 4 位数码管的显示不闪烁,一般刷新频率要大于 45 Hz。在一个周期中,虽然每位数码管会有 $3T/4$ 的时间不被点亮,但位选刷新的速度较快,同时由于数码管自身的余辉特性,每位数码管在变暗之前就又会被重新刷新,因此人眼无法感觉到数码管变暗。如果刷新的频率小于一定值(如 45 Hz),则人眼就会感觉得到数码管的闪烁。一般刷新频率在 60 Hz~1 kHz 范围内时,多位数码管显示得比较理想。

表 2-1 和表 2-2 列出了数码管要显示的数字,以及对应的 gfedcba 的值。

表 2-1   共阴极数码管

显示的数字	输出 gfedcba	显示的数字	输出 gfedcba
0	0111111	8	1111111
1	0000110	9	1101111
2	1011011	A	1110111
3	1001111	B	1111100
4	1100110	C	0111001
5	1101101	D	1011110
6	1111101	E	1111001
7	0000111	F	1110001

表 2-2　共阳极数码管

显示的数字	输出 gfedcba	显示的数字	输出 gfedcba
0	1000000	8	0000000
1	1111001	9	0010000
2	0100100	A	0001000
3	0110000	B	0000011
4	0011001	C	1000110
5	0010010	D	0100001
6	0000010	E	0000110
7	1111000	F	0001110

例如,在共阴极数码管中,gfedcba 的值分别是 00000110,即 b 和 c 字段发光二极管亮,其他字段发光二极管不亮时,就显示了数字"1"。图 2-4 所示为 Xilinx 公司的 ARTIX-7 系列 AX7035 开发板电路原理图,数码管数据为 8 位,位选有 6 位,且数码管数据位高电平有效,位选位低电平有效。写代码前,一定要提前习得电路板电路的原理。

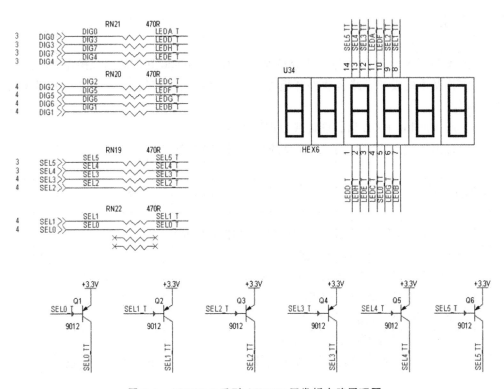

图 2-4　ARTIX-7 系列 AX7035 开发板电路原理图

项目实验 11　键控灯

一、实验前的准备

(1)安装好 Vivado 或 Quartus Ⅱ等 FPGA 开发软件,检查开发板、下载线、电源线是否齐全。

(2)查看键控灯电路原理图,检查高低电平的有效性。

二、实验目的

(1)熟悉利用 Vivado 开发数字电路的基本流程和 Vivado 软件的相关操作。

(2)掌握基本的设计思路及软件环境参数配置、仿真、管脚约束、利用 JTAG 进行下载等基本操作。

(3)了解 Verilog HDL 语言设计或原理图设计方法。

(4)通过本知识点的学习,了解 LED 的显示与控制方法。

三、实验任务

使用 Verilog HDL 语言设计实现键控灯,具体要求如下。

(1)有 8 个 LED 灯、4 个输入按键;

(2)按第 1 个按键时,前 4 个 LED 灯亮;

(3)按第 2 个按键时,后 4 个 LED 灯亮;

(4)按第 3 个按键时,LED 灯全亮;

(5)按第 4 个按键时,第 1、3、5、7 个 LED 灯亮。

用软件进行仿真,观察仿真波形,验证结果正确后,将代码下载到开发板进行测试。

四、实验内容

Key1~4 是按键控制信号,连接到 FPGA 的引脚,作为 FPGA 的输入信号。按键控制 LED 灯的亮和灭,可以一个按键控制一个 LED 灯,也可以一个按键控制多个 LED 灯。根据开发板电路可知(视各自开发板的具体情况而定),每个按键和每个 LED 灯都独立接在一个 FPGA 端口,当按键被按下时送给 FPGA 一个低电平信号,FPGA 输出低电平时 LED 灯被点亮。电路原理如图 2-5 所示。

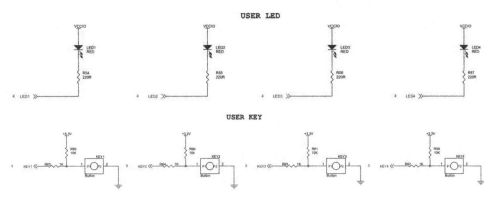

图 2-5　键控灯电路原理图

1.设计思路

(1)在此电路中,需要以 4 位控制按键和 1 位复位按键作为输入端口,以 8 位 LED 灯作为输出端口。实验 I/O 端口介绍如表 2-3 所示。

表 2-3　实验 I/O 端口介绍

信　号　名	I/O	位　宽	说　　　　明
key	I	4	表示 4 个按键控制信号,按下为低电平 0,不按为高电平 1
led	O	8	表示 8 个 LED 灯信号,对应的位为 1 时表示亮,为 0 时表示灭

(2)当不按任何按键时,8 个 LED 灯都不亮。

(3)按不同的按键对应着不同的 LED 灯效果,用 case 语句或者 if…else…语句便可以实现。

```
module key_led(key,led);
input [3:0] key;
output [7:0] led;
reg [7:0] led;
always@(key)
    begin
    case(key)
        4'b0111:led<=8'b11110000;//表示按下第一个按键,8 个 LED 灯高 4 位亮
        4'b1011:led<=8'b00001111; //表示按下第二个按键,8 个 LED 灯低 4 位亮
        4'b1101:led<=8'b11111111;
        4'b1110:led<=8'b10101010;
        default:led<=8'b11111111;
    endcase
    end
endmodule
```

2.设计流程

(1)新建一个名为"key_led"的工程文件,同时新建一个设计文本,并取名为"key_led"。

(2)输入代码,进行编译、综合。

(3)编写仿真测试代码,定义激励信号(注意信号的位宽),定义 Testbench 测试模块以及变量,时间尺度为 ns,精度为 ps,激励信号为 reg 型,输出信号连线为 wire 型。

```verilog
'timescale 1ns / 1ps
module key_led_tb;
    reg [3:0] key=0;
    wire [7:0] led;
```

实例化被测模块。这里采用端口映射的方式。

```verilog
key_led inst(
        .key(key),
        .led(led)
);
```

初始化激励信号 key 的值。为了方便观察,每延时 20 个时钟单位,改变一次激励信号 key 的值。

```verilog
initial
    begin
        key=4'b1111;
        repeat(10)
        begin
            #20 key=4'b0111;
            #20 key=4'b1011;
            #20 key=4'b1101;
            #20 key=4'b1110;
        end
    end
endmodule
```

(4)对工程文件进行编译、综合,直接生成对应的 RTL 电路,如图 2-6 所示。

图 2-6   RTL 电路图

根据 RTL 电路可以看出,输入端口定义了 4 位控制按键,输出端口定义了 8 位 LED 灯。

(5)对电路进行仿真,可以选择用 ModelSim 进行仿真,也可以选择用 Vivado 自带的仿真器进行仿真,仿真结果如图 2-7 所示。

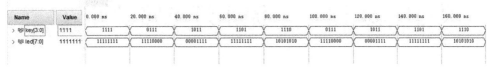

图 2-7　键控灯功能仿真图

从图 2-7 中可以看到,key 为输入端口,led 为输出端口。当第一个按键被按下,即 key 为 4'b0111 时,后面四个 LED 灯全亮,其余 LED 灯处于熄灭状态,即 led 为 8'b11110000;当第二个按键被按下时,前面四个 LED 灯全亮,其余 LED 灯处于熄灭状态;当第三个按键被按下时,所有 LED 灯都处于亮灯状态;当第四个按键被按下时,第 1、3、5、7 个 LED 灯亮,其余 LED 灯不亮,符合预定设计功能。

(6)仿真结果无误后,对工程文件进行编程下载,在实验板上进行验证。(略)

五、思考与练习

(1)在键控灯实验中,实现的功能是按键被按下,灯被点亮,松开按键灯熄灭,动手试一试,如何让按键按下后松开,灯保持点亮或者熄灭状态。

(2)利用键控灯模式设计走廊自动节能系统。此系统需要通过声控或者红外触发点亮路灯,点亮持续时间可以是 30 s,在此可以利用按键模拟红外触发或声控触发设备,用 LED 灯模拟走廊照明灯,动动脑筋,动动手,实现相应的功能。

(3)实现 4 个 LED 灯每隔 1 s 闪烁一次,按下复位按键后 4 个 LED 灯全亮。

项目实验 12　　流水灯电路设计

一、实验前的准备

(1)安装好 Vivado 或 Quartus Ⅱ等 FPGA 开发软件,检查开发板、下载线、电源线是否齐全。

(2)查看 LED 灯电路原理图,检查高低电平的有效性,查看系统时钟频率。

(3)了解时钟上升沿和下降沿以及边沿触发和电平触发的概念。

二、实验目的

(1)理解文本输入的编程设计方法。

(2)掌握边沿触发和电平触发的方式。

(3)掌握流水灯的设计方法。

(4)掌握 FPGA 的下载操作。

三、实验任务

使用 Verilog HDL 语言设计实现流水灯,8 个 LED 灯以 1 s 的速度正向流水点亮 1 次,并不断循环。用软件进行仿真,观察仿真波形,验证结果正确后,将代码下载到 FPGA 开发板进行测试。

四、实验原理

流水灯按一定的规律像流水一样连续闪亮,可以一个灯一个灯地按正序、逆序闪亮,也可以多个灯间隔点亮。由 Xilinx 公司 ARTIX-7 系列(核心板为 XILINX ARTIX-7 XC7A35T-2FGG484)的电路可知,每个流水灯单独地接在一个 FPGA 端口上,FPGA 输出高电平时,点亮发光二极管。

如图 2-8 所示,系统的时钟频率为 50 MHz,需要进行分频,要求输出频率为 1 Hz 的流水灯信号,所以要设计一个 1 Hz 的分频器(可以采用计数的方法实现,也可以采用流水灯控制器中的简单移位运算符实现)。

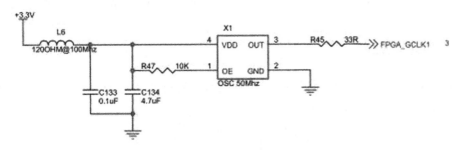

图 2-8　系统时钟电路原理图

五、实验内容

设计思路如下：

(1)本实验所需 I/O 端口如表 2-4 所示。

表 2-4　实验 I/O 端口介绍

信　号　名	I/O	位　　宽	说　　　　明
clk	I	1	系统工作时钟频率为 50 MHz
rst	I	1	系统复位信号,低电平有效
led	O	8	表示 8 个 LED 灯信号,对应的位为 1 时表示亮,为 0 时表示灭

(2)复位时,led 值为 8'b11111111。

(3)每隔 1 s,LED 灯的信号变化一次,位值为 1 的顺序是 0→1→2→3→4→5→6→7,然后循环。

(4)没有到 1 s,LED 灯的状态不变。

关键代码如下：

(1)分频模块:根据系统时钟信号 clk 生成频率为 1 Hz 的时钟信号 clk1hz,系统提供的时钟频率是 50 MHz,要得到 1 Hz 必须进行分频,对 50 MHz 的时钟上升沿进行计数,计数到 25 000 000－1 即时钟频率的一半减"1",让 clk1hz 信号进行翻转。此处从"0"开始计数,所以计数器计到时钟频率的一半时减"1"。可以通过计算公式 counter＝$f_{in}/f_{out}/2-1$ 来计算信号翻转时计数器的值。

```
module shift_led (clk,clk1hz,rst);
input clk,rst;
output reg [7:0] led;
reg clk1hz;
reg [24:0] counter;
always@(posedge clk or negedge rst) begin
    if(! rst)
        counter<=0;
    else if(counter==25000000-1) begin
```

```
            counter<=0;                    //计数器
            clk1hz<=~clk1hz;               //分频所得信号,计数器清 0 时进行翻转
        end
        else counter<=counter+1;
    end
```

通过计数器流转计数,再通过译码器完成流水灯的输出,系统框图设计如图 2-9 所示。

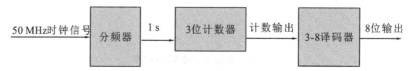

图 2-9   通过计数器和译码器实现流水灯效果

(2)计数器部分:设计一个 3 位计数器 cnt,1 Hz 的信号上升沿到来时,cnt 自动加"1",加到 3'b111 清 0,再循环加"1"。cnt 的变化频率是 1 Hz。

```
    reg [2:0] cnt;
    always @(posedge clk1hz or negedge rst)
    begin
        if(! rst)
            cnt <= 0;
        else
            cnt <= cnt+1;
    end
```

(3)3-8 译码器部分:根据 3-8 译码器每个选择项输出相应的 led 值。3 位计数器每隔 1 Hz 变化一次值,8 个 LED 灯输出不同的状态。

```
    always @(cnt)
        begin
        case(cnt)                          //case 语句,一定要跟 default 语句
            3'b000:led=8'b0111_1111;       //位宽'进制+数值是 Verilog 里常数的表达方法
            3'b001:led=8'b1011_1111;       //进制可以是 b、o、d、h(二、八、十、十六进制)
            3'b010:led=8'b1101_1111;
            3'b011:led=8'b1110_1111;
            3'b100:led=8'b1111_0111;
            3'b101:led=8'b1111_1011;
            3'b110: led=8'b1111_1101;
            3'b111:led=8'b1111_1110;
            default:;
        endcase
        end
    endmodule
```

也可以利用移位的方法让 led[0] 每 1 s 切换一次在 led 中的位置来实现流水灯效果;时

钟上升沿来一次,执行一次赋值,即 led[0]与 led[7:1]重新拼接成 8 位赋给 led,相当于循环右移。

```
always@(posedge clk1hz or negedge rst)
  begin
    if(! rst)
        led <= 8'b11111110;               // <=为非阻塞赋值
    else
        led <= {led[0],led[7:1]};         //拼接符进行循环移位拼接
  end
```

Testbench 测试文件的编写:定义 Testbench 测试模块以及变量,时间尺度为 ns,精度为 ps,激励信号为 reg 型,输出信号连线为 wire 型。

```
'timescale 1ns / 1ps
module shift_led_tb;
  reg clk=0;
  reg rst=0;
  wire  [7:0] led;
```

实例化被测模块。这里采用位置关联法。

```
shift_led inst(
  .clk(clk),
  .rst(rst),
  .led(led)
);
```

初始化激励信号的值。为了方便观察,设置 clk 和 rst 的初始值为"0",延时 100 个时钟单位后,rst 变为高电平,clk 每延时 20 个时钟单位翻转一次。

```
initial
  begin
    clk=0;
    rst=0;
    #100 rst=1;
  end
always #20 clk=~clk;
endmodule
```

对工程文件(通过计数器和译码器实现流水灯效果)进行编译、综合,直接生成对应的 RTL 电路,如图 2-10 所示。

对电路进行仿真。可以选择用 ModelSim 进行仿真,也可以选择用 Vivado 自带的仿真器进行仿真。仿真时需注意,为了方便观察,我们将分频中的计数器中的数值缩小至原来的 1/1 000 000(见图 2-11 中选中的代码)。经过仿真后,仿真波形数据体现出流水灯的功能。

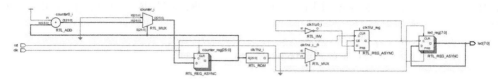

图 2-10　流水灯 RTL 电路

```
always@(posedge clk or negedge rst)
    begin
        if (rst==0)
            counter<=0;
        else if(counter==25-1)
            begin
                counter<=0;
                clk1hz<=~clk1hz;
            end
        else counter<=counter+1;
    end
```

图 2-11　将代码中计数减小以加快仿真

仿真结果如图 2-12 所示。由图 2-12 可以看到,复位时,led 值为 8'b11111111,LED 灯全亮;复位后,每隔 1 s,led 信号变化一次,位值为 1 的顺序是 0→1→2→3→4→5→6→7,然后循环,也就是 LED 灯从左往右开始时第一位熄灭其余全亮,1 s 后,第二位熄灭其余全亮,以此类推。

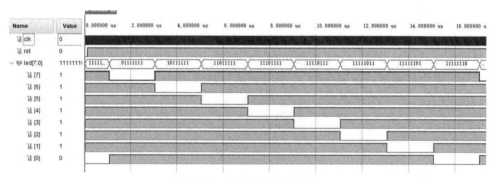

图 2-12　流水灯功能仿真图

仿真结果无误后,对工程文件进行编译、下载,在实验板上进行验证。

六、思考与练习

(1)在流水灯电路设计实验中,使每个灯按位依次点亮,形成流水灯的效果,试试改变流动的频率,看看设置到多少时,人的眼睛识别不出流动效果。

(2)如何让流水灯以往返的顺序进行流动?

项目实验 13　　呼吸灯电路设计

一、实验前的准备

（1）安装好 Vivado 或 Quartus Ⅱ等 FPGA 开发软件，检查开发板、下载线、电源线是否齐全。

（2）查看 LED 灯电路原理图，检查高低电平的有效性。

（3）了解呼吸灯的实现原理。

二、实验目的

（1）理解文本输入的编程设计方法。

（2）掌握呼吸灯的设计方法。

（3）掌握 FPGA 的下载操作。

（4）掌握 PWM 的原理。

三、实验任务

使用 Verilog HDL 语言设计实现呼吸灯功能，用软件进行仿真，观察仿真波形，验证结果正确后，将代码下载到 FPGA 开发板进行测试。呼吸灯功能如下。

（1）有 1 个 LED 灯，调节其明暗状态，使其由暗慢慢变明，再由明亮慢慢变暗淡，感觉像人的呼吸一样有节奏地循环变化。

（2）呼吸的周期为 2 s，LED 灯从最亮的状态开始，在第一秒逐渐变暗，在第二秒再逐渐变亮，依次进行。

四、实验原理

随着 LED 在照明领域不断发展，LED 的控制方式越来越多样化，形成了不同的视觉效果。相较于只具备"开""关"功能的传统 LED 照明，能够实现从 0 到 100％光的亮度调节的 LED 灯（原理见图 2-13）在家装灯饰、舞美灯光等领域的需求更为突出。

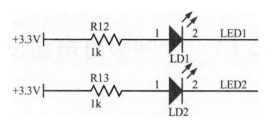

图 2-13　LED 灯原理图

　　呼吸灯灯光的亮度由亮到暗逐渐变化,感觉好像是人在呼吸。所谓的呼吸灯,就是将人的呼吸频率通过光的强弱表现出来。呼吸分为两个过程,一个是"呼"的过程,一个是"吸"的过程。呼吸灯广泛应用于手机上,并成为各大品牌手机的卖点之一。如果你的手机里面有未处理的通知,比如说未接来电、未查收的短信等,呼吸灯就会发生由暗到亮的变化,像呼吸一样有节奏,起到通知提醒的作用。呼吸灯的设计方法有很多,有的是用单片机实现 PWM(脉冲宽度调制)来驱动 LED 灯,也有的采用 555 定时器来驱动 LED 灯。电路利用电容充放电原理,较为简单。使用 12 MHz 的系统时钟信号作为高频信号做分频处理,调整占空比实现 PWM,通过 LED 灯指示输出状态。

　　先来介绍一下脉宽调制。脉宽调制的英文全称是 pulse width modulation,简称 PWM,是利用微处理器/FPGA 的数字输出来对模拟电路进行控制的一种非常有效的技术,广泛应用在测量、通信、功率控制与变换等许多领域。PWM 信号从处理器到被控系统都是数字形式,无须进行数/模转换。航模中的控制信号大多是 PWM 信号,比如 Futaba、JR 等舵机的控制都采用 PWM 方式。

　　通俗来说,PWM 信号就是连续的、一定占空比的脉冲信号,通过控制占空比来实现不同的控制。简单来说,我们可以认为 PWM 波就是一种方波。PWM 波如图 2-14 所示。

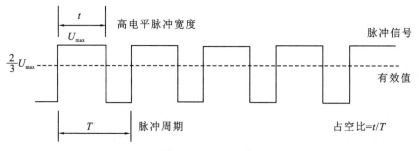

图 2-14　PWM 波

　　由图 2-14 可知,脉冲信号的周期为 T,高电平脉冲宽度为 t,占空比为 t/T。为了实现脉宽调制,我们需要保持周期 T 不变,调整高电平脉宽 t,即可改变占空比。

　　当 $t=0$ 时,占空比为 0,如果 LED 灯为低电平点亮,此时 LED 灯处于最亮的状态。

　　当 $t=T$ 时,占空比为 1,LED 灯处于最暗(熄灭)的状态。

　　结合呼吸灯的原理,整个呼吸的周期为最亮→最暗→最亮的时间,即 t 值从 $0→T→0$ 的变化周期。本实验中,这个时间应该为 2 s。

　　呼吸灯设计要求呼吸的周期为 2 s,也就是说 LED 灯从最亮的状态开始,在第一秒逐渐变暗,在第二秒逐渐变亮,依次进行。系统设计框图如图 2-15 所示,功能实现原理图如图 2-16所示。

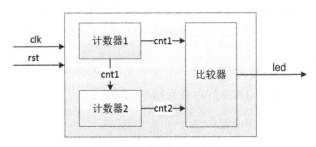

图 2-15　呼吸灯系统框图

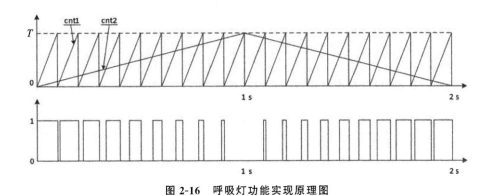

图 2-16　呼吸灯功能实现原理图

五、实验内容

设计思路如下：

将 CNT_NUM =7071 作为两个计数器的计数最大值。本设计中需要三个信号,即输入信号时钟信号 clk、复位信号 rst 和输出信号 led,此为顶层设计。在底层设计方面,需要两个计数器 cnt1 和 cnt2;cnt1 随系统时钟信号同步计数(系统时钟信号上升沿时 cnt1 自动加"1"),范围为 $0 \sim T$;cnt2 随 cnt1 的周期同步计数(cnt1 等于 T 时,cnt2 自动加"1"),范围也是 $0 \sim T$。这样每次 cnt1 在 $0 \sim T$ 内计数时,cnt2 为一个固定值,相邻 cnt1 计数周期对应的 cnt2 的值逐渐增大,我们将 cnt1 计数 $0 \sim T$ 的时间作为脉冲周期,将 cnt2 的值作为脉冲宽度,则占空比等于 cnt2/T,占空比从 0 到 1 的时间 $=$cnt2$\times$cnt1$=T^2=$1 s$=$ 50M 个系统时钟,$T=$ 7071,我们定义 CNT_NUM =7071 作为两个计数器的计数最大值。

在此电路中,需要以系统时钟和 1 位复位按键作为输入端口,以 1 位 LED 灯作为输出端口。实验 I/O 端口介绍如表 2-5 所示。

表 2-5　实验 I/O 端口介绍

信　号　名	I/O	位　　宽	说　　明
clk	I	1	系统工作时钟频率为 50 MHz
rst	I	1	系统复位信号,低电平有效
led	O	1	表示 1 个 LED 灯信号

(1)定义一个位宽为 1 的标志信号 flag,产生两个计数器 cnt1 和 cnt2。当计数器 cnt1 记满时,根据标志信号 flag 的状态,cnt2 开始递增计数或递减计数,表示 LED 灯由暗变亮或由亮变暗。

(2)下面为 LED 灯由暗变亮的代码。当达到 cnt2 最大计数周期时 LED 灯最亮,这时再将标志信号 flag 翻转,编写 LED 灯由亮变暗的代码。

```verilog
module breath_led(clk,rst,led);
input clk;                        //输入信号系统时钟信号
input rst;                        //输入信号复位信号
output led;                       //led 输出信号
reg [24:0] cnt1;                  //计数器 1
reg [24:0] cnt2;                  //计数器 2
reg flag;                         //呼吸灯变亮和变暗的标志位
parameter   CNT_NUM = 7071;       //计数器的最大计数值
//产生计数器 cnt1
    always@(posedge clk or negedge rst) begin
        if(! rst) begin
            cnt1<=13'd0;
            end
        else if(cnt1>=CNT_NUM-1)
                cnt1<=1'b0;
            else
                cnt1<=cnt1+1'b1;
        end
//产生计数器 cnt2
always@(posedge clk or negedge rst) begin
    if(! rst) begin
        cnt2<=13'd0;
        flag<=1'b0;
        end
    else if(cnt1==CNT_NUM-1) begin //当计数器 1 计满时计数器 2 开始加 1 或减 1
                                        计数
        if(! flag) begin              //当标志位为 0 时计数器 2 递增计数,表示呼吸灯
                                        效果为由暗变亮
        if(cnt2>=CNT_NUM-1)      //计数器 2 计满时,表示亮度已最大,标志位变
                                        为高电平,之后计数器 2 开始递减计数
            flag<=1'b1;
        else
            cnt2<=cnt2+1'b1;
        end
        else begin
        if(cnt2<=0)          //当标志位为 1 时计数器 2 递减计数
            flag<=1'b0;      //计数器 2 计到 0 时,表示亮度已最小,标志位变为低电
```

平,之后计数器 2 开始递增计数

```
            else
                cnt2<=cnt2-1'b1;
            end
        end
    else
        cnt2<=cnt2;                    //在计数器 1 计数过程中计数器 2 保持不变
    end
```

（3）比较计数器 cnt1 和计数器 cnt2 的值,产生自动调整占空比的信号,输出到 led,产生呼吸灯效果。

```
    assign led = (cnt1<cnt2)? 1'b0:1'b1;
    endmodule
```

（4）编写仿真测试代码,定义激励信号（注意信号的位宽）;定义 Testbench 测试模块以及变量,时间尺度为 ns,精度为 ps,激励信号为 reg 型,输出信号连线为 wire 型。

```
    'timescale 1ns / 1ps
    module breath_led_tb;
        reg   clk=0;
        reg   rst=0;
        wire led;
```

实例化被测模块。

```
    breath_led inst(
        .clk(clk),
        .rst(rst),
        .led(led)
        );
```

初始化激励信号的值,延时 100 个时钟单位后将 rst 的值调为 1。

```
    initial
        begin
            clk=0;
            rst=0;
            #100 rst=1;
        end
    always #20 clk=~clk;
    endmodule
```

（5）对电路进行仿真。可以选择用 ModelSim 进行仿真,也可以选择用 Vivado 自带的仿真器进行仿真。为了方便观察,把计数器的最大计数值设置为 50,如图 2-17 所示。

仿真结果如图 2-18 和图 2-19 所示。

从仿真图中可以看出,LED 灯从最亮的状态开始,在第一秒（测试中计数值已改）逐渐变暗,在第二秒逐渐变亮,依次进行,符合预定设计功能。

（6）仿真结果无误后,对工程文件进行编译、下载,在实验板上进行验证。

```
module breath_led(clk, rst, led);
    input clk;                          //系统时钟输入
    input rst;                          //复位输出
    output led;                         //led输出
    reg [24:0] cnt1;                    //计数器1
    reg [24:0] cnt2;                    //计数器2
    reg flag;                           //呼吸灯变亮和变暗的标志位
    parameter CNT_NUM = 50;  //计数器的最大值 period = (22360^2)*2 = 100000000 = 2s
    //产生计数器cnt1
    always@(posedge clk or negedge rst) begin
        if(!rst) begin
            cnt1<=13'd0;
            end
        else if(cnt1>=CNT_NUM-1)
                cnt1<=1'b0;
            else
                cnt1<=cnt1+1'b1;
```

图 2-17 仿真参数设置图

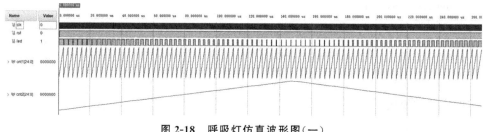

图 2-18 呼吸灯仿真波形图(一)

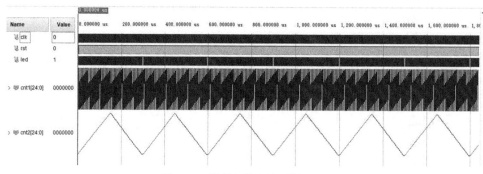

图 2-19 呼吸灯仿真波形图(二)

六、思考与练习

(1)人的呼吸频率不一样,特别是婴儿的呼吸频率比成人快,动动手,设计一款模仿婴儿呼吸的呼吸灯。

(2)根据呼吸灯原理,设计一款高空飞机飞行防撞指示灯系统,高楼楼顶的红色指示灯用于飞机飞行防撞指示。动动手,试试通过设计实现多个呼吸灯同时工作。

项目实验 14　　闪烁灯电路设计

一、实验前的准备

(1)安装好 Vivado 或 Quartus Ⅱ等 FPGA 开发软件,检查开发板、下载线、电源线是否齐全。

(2)查看 LED 灯电路原理图,检查高低电平的有效性。

二、实验目的

(1)理解文本输入的编程设计方法。

(2)掌握顶层设计方法。

(3)掌握 FPGA 的下载操作。

三、实验任务

使用 Verilog HDL 语言设计实现闪烁灯功能,用软件进行仿真,观察仿真波形,验证结果正确后,将代码下载到 FPGA 开发板进行测试。闪烁灯功能如下:在 4 个 LED 灯中,一个以 0.5 s 的速度闪烁,另外 3 个以 1 s 的速度正向流水点亮 1 次。

四、实验原理

4 个 LED 灯 1 个闪烁点亮,另外 3 个流水点亮,可分为 2 个部分,根据前面已经学习过的闪烁灯和流水灯原理实现。在此实验中,采用顶层设计的方式,闪烁点亮和流水点亮可分别用子模块 flash_led 和 shift_led 实现,通过顶层模块实例化子模块进行实例化。

五、实验内容

设计思路如下:

(1)本实验所需 I/O 端口如表 2-6 所示。

表 2-6　实验 I/O 端口介绍

信　号　名	I/O	位　　宽	说　　　明
clk	I	1	系统工作时钟频率为 50 MHz
rst	I	1	系统复位信号,低电平有效
led	O	4	表示 4 个 LED 灯信号,对应的位为 1 时表示亮,为 0 时表示灭

(2)复位时,led 值为 4'b0000。

(3)要实现 0.5 s 和 1 s 的时间控制,需要设计计数器,对 50 MHz 的时钟信号进行计数。计数器计到 0.5 s 时(以 50 MHz 的时钟数了边沿信号 12 500 000－1 次),对 flash_led 进行翻转操作;计数器计到 1 s 时(以 50 MHz 的时钟数了边沿信号 50 000 000－1 次),对 shift_led 进行移位一次。在此注意,如果不采用顶层设计的方法,在一大段代码中实现两个计数器计数,需要定义两个不同的计数器分别计数,而采用顶层设计的方法,在各自的代码中计数即可。本程序采用顶层设计的方法。

(4)flash_led 和 shift_led 实现后,用实例化语句对子模块进行实例化,实现顶层控制。

flash_led 代码如下:

```verilog
module flash_led(clk, rst, led_out);
    input clk;
    input rst;
    output led_out;
// 使用的晶振为 50 MHz,50M×0.5×0.5－1＝12499999,仿真时此值设置为 25,方便
观察
    parameter TIME = 8'd12499999;
    reg [24:0] count1;
    always @ ( posedge clk or negedge rst )
    begin
      if( ! rst )
      count1 <= 25'd0;
      else if( count1 == TIME )
          count1 <= 25'd0;
      else
          count1 <= count1 + 1'b1;
    end
    reg rled_out;
    always @ ( posedge clk or negedge rst )
    begin
      if( ! rst )
          rled_out <= 1'b0;
      else if( count1 == TIME )
          rled_out <= ~rled_out;
    end
    assign led_out = rled_out;
```

endmodule

shift_led 代码如下：

```verilog
module shift_led(clk, rst, led_out);
    input clk;
    input rst;
    output [2:0] led_out;
    // 使用的晶振为 50 MHz,50M×1-1=499999999,从 0 开始,需要减 1,仿真时这里设置
    为 100,以便观察
    parameter T1S = 8'd49_9999999;
    reg [25:0] count1;
    always @ ( posedge clk or negedge rst )
    begin
      if( ! rst )
          count1 <= 26'd0;
      else if( count1 == T1S )
          count1 <= 26'd0;
      else
          count1 <= count1 + 1'b1;
    end
    reg [2:0] rled_out;
    always @ ( posedge clk or negedge rst )
    begin
      if( ! rst )          //复位,清 0
          rled_out <= 3'b001;
      else if( count1 == T1S)
        begin
        if( rled_out == 3'b000 )          //如果三个灯都不亮,则强制让最右边的灯亮
            rled_out <= 3'b001;
          else
            rled_out <= { rled_out[1:0], 1'b0 };//低两位左移,最低位补 0
      end
    end
    assign led_out = rled_out;
endmodule
```

设计流程如下：

(1)新建一个名为"shanshuodeng"的工程文件,同时新建三个设计文本,并分别取名为"shift_led""flash_led""shanshuodeng"。其中 shift_led、flash_led 为底层文件,shanshuodeng 为顶层文件。

(2)输入代码,进行编译、综合。

```verilog
module shanshuodeng(clk, rst, flash_led,shift_led);
    input clk;
```

```
        input rst;
        output flash_led;
        output [2:0] shift_led;
        wire flash_led;
        flash_led U1
          (
            .clk( clk ),
            .rst( rst ),
            .led_out( flash_led )
          );
        wire [2:0] shift_led;
        shift_led U2
        (
            .clk( clk ),
            .rst( rst ),
            .led_out(shift_led )
        );
    endmodule
```

（3）编写仿真测试代码，定义激励信号（注意信号的位宽）。

```
'timescale 1ns / 1ps
module shanshuodeng_tb;
    reg clk;
    reg rst;
    wire flash_led;
    wire [2:0] shift_led;
```

实例化被测模块。

```
shanshuodeng inst(
    .clk(clk),
    .rst(rst),
    .flash_led(flash_led),
    .shift_led(shift_led)
  );
```

初始化激励信号的值。50 个时钟单位后，将复位信号置"1"；延时 20 ns，clk 翻转一次。clk 的周期为 40 ns，即它为 25 MHz 时钟信号。

```
initial
    begin
        clk=1'b0;
        rst=1'b0;
        #50 rst=1'b1;
    end
```

```
        always ♯20 clk＝～clk；
    endmodule
```

（4）对工程文件进行编译、综合，直接生成对应的 RTL 电路，如图 2-20 至图 2-22 所示。

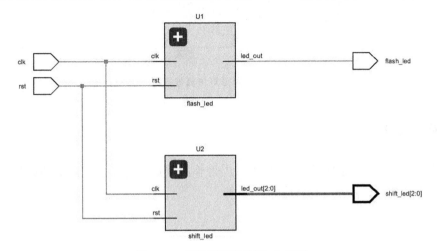

图 2-20　闪烁灯顶层 RTL 电路图

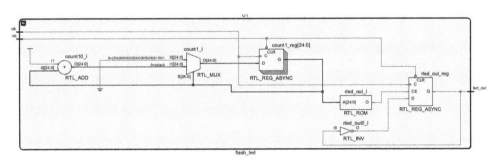

图 2-21　flash_led RTL 电路图

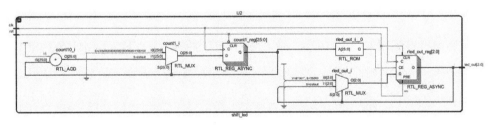

图 2-22　shift_led RTL 电路图

（5）对电路进行仿真。可以选择用 ModelSim 进行仿真，也可以选择用 Vivado 自带的仿真器进行仿真。仿真时需注意，为了方便观察，我们将计数器中的数值缩小了一定的倍数（缩小的倍数可以根据仿真效果确定）。仿真结果如图 2-23 所示。

从图 2-23 中可以看到，闪烁灯（flash_led）在一个计数周期（实际要求为 1 s）内亮两次；而流水灯（shift_led）每隔 1 s 从右往左循环点亮。

（6）仿真结果无误后，对工程文件进行编译、下载，在实验板上进行验证。

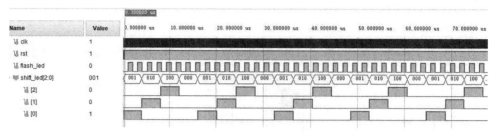

图 2-23 闪烁灯仿真波形图

六、思考与练习

根据闪烁灯的设计原理,设计一款夜市广告牌的霓虹灯电路。霓虹灯的闪烁方式自行决定。

项目实验 15　　静态数码管显示

一、实验前的准备

(1)安装好 Vivado 或 Quartus Ⅱ等 FPGA 开发软件,检查开发板、下载线、电源线是否齐全。

(2)熟悉数码管的原理,查看开发板电路原理图,熟知数码管的共阴、共阳特性。

二、实验目的

(1)熟悉利用 Vivado 开发数字电路的基本流程和 Vivado 软件的相关操作。

(2)掌握基本的设计思路及软件环境参数配置、仿真、管脚约束、利用 JTAG 进行下载等基本操作。

(3)了解 Verilog HDL 设计设计或原理图设计方法。

(4)通过本知识点的学习,了解数码管的显示与控制方法。

三、实验任务

使用 Verilog HDL 语言设计实现静态数码管功能,用软件进行仿真,观察仿真波形,验证结果正确后,将代码下载到 FPGA 开发板进行测试。

本次设计需要开发板有 8 位数码管、8 个按键,通过按键控制数码管显示1～8。设计要求如下:

按第 1 个按键时,第 1 个数码管显示数值"1";

按第 2 个按键时,第 2 个数码管显示数值"2";

按第 3 个按键时,第 3 个数码管显示数值"3";

以此类推。

四、实验内容

根据数码管驱动方式的不同,多个数码管的显示可以分为静态和动态两类。动态显示是指轮流显示各个字符,利用人眼视觉暂留的特点,循环顺序变更位码,同时数据线上发送相应的显示内容。静态显示是指同时显示各个字符,位码始终有效,显示内容完全跟数据线上的值一致。通过按键选择不同的数码管。

设计思路如下:

(1)本实验所需 I/O 端口如表 2-7 所示。

表 2-7　实验 I/O 端口介绍

信　号　名	I/O	位　　宽	说　　　　明
key	I	8	表示 8 个按键,按下为低电平 0,不按为高电平 1
led_cs	O	6	表示位选信号,选中的那一位显示出来
led	O	8	表示数码管的段码

(2)复位时,所有数码管都不显示任何数值,led<=8'b0000_0000。

(3)复位后,按第 1 个按键时,第 1 个数码管显示数值"1",可以通过条件语句进行控制。可以用 if…else…语句,也可以用 case 语言进行条件控制,此处用 if…else…语句。

(4)按第 2 个按键时,第 2 个数码管显示数值"2"。

设计流程如下:

(1)新建一个名为"seg_display"的工程文件,同时新建一个设计文本,并取名为"seg_display"。

①对模块以及变量和 I/O 端口进行定义。定义模块和变量时要注意位宽。

```
module seg_display (key,led,led_cs);
    input [7:0] key;
    output [7:0] led;
    output [5:0] led_cs;
    reg [7:0] led;
    reg [5:0] led_cs;
```

本次实验通过组合逻辑即可实现,检测按键的状态后匹配相对应的现象。以下代码为按键被按下时使相应的数码管显示相应的数值。

```
always@(key)
  begin
  if(key==8'b0111_1111)              //按第 1 个按键,选中第 1 个数码管显示"1"
    begin
      led <=8'b0000_0110;      //段码
      led _cs<=6'b011111;      //位码
    end
    else if(key==8'b1011_1111)       //按第 2 个按键,选中第 1 个数码管显示"2"
        begin
          led<=8'b0101_1011;
          led_cs<=6'b101111;
        end
    else if(key==8'b1101_1111)       //按第 3 个键,选中第 1 个数码管显示"3"
```

```
        begin
            led<=8'b0100_1111;
            led_cs<=6'b110111;
        end
    else if(key==8'b1110_1111)        //按第 4 个键,选中第 1 个数码管显示"4"
        begin
            led<=8'b0110_0110;
            led_cs<=6'b111011;
        end
    else if(key==8'b1111_0111)        //按第 5 个键,选中第 1 个数码管显示"5"
        begin
            led<=8'b0110_1101;
            led_cs<=6'b111101;
        end
    else if(key==8'b1111_1011)        //按第 6 个键,选中第 1 个数码管显示"6"
        begin
            led<=8'b0111_1101;
            led_cs<=6'b111110;
        end
    else                              //不按任何按键,第 1 个数码管不显示任何数值
        begin
            led<=8'b0000_0000;
            led_cs<=6'b111111;
        end
    end
endmodule
```

②编写 Testbench 测试激励文件,定义模块名及变量名,设置仿真时间尺度以及精度。

```
'timescale 1ns / 1ps
module seg_display_tb;
    reg [7:0] key;
    wire [7:0] led;
    wire [5:0] led_cs;
```

③实例化待仿真模块。这里采用端口关联法。

```
seg_display inst(
    .key(key),
    .led(led),
    .led_cs(led_cs)
);
```

④初始化数据。本次实验只涉及组合逻辑,因此无需时钟信号。每延时 20 个时钟单位,key 的值变化一次。

```
initial
    begin
        key=8'b1111_1111;
        #20 key=8'b0111_1111;
        #20 key=8'b1011_1111;
        #20 key=8'b1101_1111;
        #20 key=8'b1110_1111;
        #20 key=8'b1111_0111;
        #20 key=8'b1111_1011;
        #20 key=8'b1111_1111;
    end
endmodule
```

（2）对工程文件进行编译、综合，直接生成对应的 RTL 电路，如图 2-24 所示。

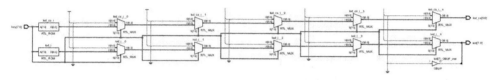

图 2-24　静态数码管显示 RTL 电路

（3）对电路进行仿真。可以选择用 ModelSim 进行仿真，也可以选择用 Vivado 自带的仿真器进行仿真。根据图 2-24 验证了设计功能。

仿真结果如图 2-25 所示。由图 2-25 可以看出，当所有按键都没有按下（key==8'b1111_1111）时，数码管不显示任何字符；当第 1 个按键按下（key==8'b0111_1111）时，选中第一位数码管（led_cs<=6'b011111），对应数码管显示"1"（led<=8'b0000_0110），以此类推。

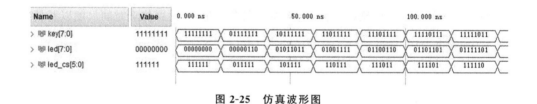

图 2-25　仿真波形图

（4）仿真结果无误后，对工程文件进行编译、下载，在实验板上进行验证。

五、思考与练习

根据静态数码管的功能，设计一款竞赛抢答器的显示电路。提示：需要添加一个多路选择器，数码管显示被优先按下的按键所对应的值。

项目实验 16　　一位十进制计数器

一、实验前的准备

(1)安装好 Vivado 或 Quartus Ⅱ等 FPGA 开发软件,检查开发板、下载线、电源线是否齐全。

(2)熟悉数码管的原理,查看开发板电路原理图,熟知数码管的共阴、共阳特性。

二、实验目的

(1)熟悉利用 Vivado 开发数字电路的基本流程和 Vivado 软件的相关操作。

(2)掌握基本的设计思路及软件环境参数配置、仿真、管脚约束、利用 JTAG 进行下载等基本操作。

(3)了解 Verilog HDL 语言设计或原理图设计方法。

(4)通过本知识点的学习,掌握动态数码管的显示与控制方法。

三、实验任务

采用 Verilog HDL 语言设计一位十进制计数器电路,使数码管显示 0~9 的计数结果。本次设计需要利用开发板上的 1 位数码管,使其有规律地按照一定频率进行数值显示。复位时,数码管不显示;数码管在复位后显示"0",过 1 s 显示"1",再过 1 s 显示"2",以此类推,一直显示到数值"9",然后清 0,循环显示。

四、实验内容

数码管动态显示是应用较广的一种显示方式。动态驱动是将所有数码管的 8 个显示笔画 a,b,c,d,e,f,g,dp 的同名端连在一起,另外为每个数码管的公共极 COM 增加位选通控制电路,位选通由 FPGA 的各自独立的 I/O 线控制,当要输出字形码时,所有数码管都接收到相同的字形码,但究竟哪个数码管会显示出字形,取决于 FPGA 的 I/O 线对位选通控制电路的控制,只要将需要显示的数码管的选通控制打开,该位就显示出字形,没有被选通的数码管就不会亮。通过分时轮流控制各个数码管的 COM 端,就使各个数码管轮流受控显示,这就是动态驱动。

该实验只需要由一个数码管进行显示,所以位选信号只需要选择最低位即可。

设计思路如下:

(1)在此电路中,需要以时钟作为输入端口,以 6 位数码管作为输出端口,如表 2-8 所示。

表 2-8　实验 I/O 端口介绍

信　号　名	I/O	位　　宽	说　　明
clk	I	4	系统时钟信号
rst	I	1	系统复位信号,低电平有效
seg	O	8	表示数码管的 8 位段码信号,对应的位为"1"时表示亮,为"0"时表示灭
seg_cs	O	6	表示数码管的位选信号,6'b011111 表示选中第 1 位数码管,6'b101111 表示选中第 2 位数码管

(2)复位时,数码管不显示任何数值。

(3)为了实现计数器计数,需要 1 Hz 的信号,用于数数,开发板时钟信号的频率为 50 MHz,需要将其进行分频,得到 clk_1hz,随后再定义一个计数器 cnt,计数周期为 0~9。cnt 控制着数码管的显示,此时解决 cnt 的变化频率问题,需要让 cnt 以 1 Hz 的频率进行自动加 1,计数范围为 0~9。根据分频得到的 clk_1hz 信号进行触发。

```verilog
module second_display (clk,seg,seg_cs,rst);
    input clk;
    input rst;
    output [7:0] seg;
    output [5:0] seg_cs;
    reg [7:0] seg;
    reg [5:0] seg_cs;
    reg clk_1hz;
    reg [24:0] counter;
    reg [3:0] cnt;
    parameter R=50000000
always@(posedge clk or negedge rst)//cnt 计数模块
    begin
      if(! rst)
          cnt<=0;
      else if(clk_1hz==1)
          begin
            if(cnt<9)
              cnt<=cnt+1;
            else
```

```
            cnt<=0;
        end
    else cnt<=cnt;
end
```

（4）复位后,数码管显示"0",过 1 s 显示"1",再过 1 s 显示"2",以此类推,一直显示到数值"9",然后清 0,循环显示。

```
always @ (cnt)
    begin
        case(cnt)
            0：begin seg<=8'b00111111; seg_cs<=6'b011111;end
            1：begin seg<=8'b00000110; seg_cs<=6'b011111;end
            2：begin seg<=8'b01011011; seg_cs<=6'b011111;end
            3：begin seg<=8'b01001111; seg_cs<=6'b011111;end
            4：begin seg<=8'b01100110; seg_cs<=6'b011111;end
            5：begin seg<=8'b01101101; seg_cs<=6'b011111;end
            6：begin seg<=8'b01111101; seg_cs<=6'b011111;end
            7：begin seg<=8'b00000111; seg_cs<=6'b011111;end
            8：begin seg<=8'b01111111; seg_cs<=6'b011111;end
            9：begin seg<=8'b01101111;seg_cs<=6'b011111;end
            default : seg<=8'b00000000;
        endcase
    end
endmodule
```

（5）编写仿真测试代码,定义激励信号（注意信号的位宽）;定义 Testbench 测试模块以及变量,时间尺度为 ns,精度为 ps,激励信号为 reg 型,输出信号连线为 wire 型。

```
'timescale 1ns / 1ps
module second_display_tb;
    reg clk;
    reg rst;
    wire [7:0] seg;
    wire [5:0] seg_cs;
```

实例化被测模块。这里采用位置关联法。

```
second_display inst(
    .clk(clk),
    .rst(rst),
    .seg(seg),
    .seg_cs(seg_cs)
);
```

初始化激励信号的值。延时 100 个时钟单位后,将 rst 调为"1";每延时 10 ns,clk 的值变化一次。

```
initial
    begin
        clk=0;
        rst=0;
        #100 rst=1;
    end
    always #10 clk=~clk;
endmodule
```

(6)对工程文件进行编译、综合,直接生成对应的 RTL 电路。对于 RTL 电路中的某一器件,可以右键单击 go to source 查看与之匹配的代码。RTL 电路如图 2-26 所示。

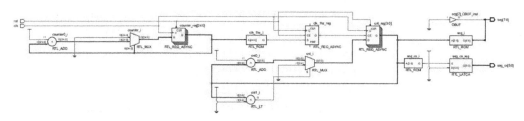

图 2-26 一位十进制计数器 RTL 电路

(7)对电路进行仿真。可以选择用 ModelSim 进行仿真,也可以选择用 Vivado 自带的仿真器进行仿真。为了方便观察波形,把计数器中的数值缩小至原来的 1/1 000 000,如图 2-27 所示。

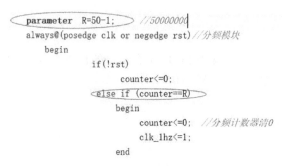

图 2-27 一位十进制计数器仿真代码

(8)仿真结果(见图 2-28)无误后,下载工程文件。下载时注意将时钟进行分频,在实验板上进行验证。

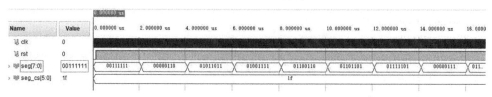

图 2-28 一位十进制计数器仿真波形

五、思考与练习

根据一位十进制计数器的设计原理,扩展功能,设计一个医生呼叫排队系统显示模块,通过数码管显示病人号。动动手,实现它吧。

项目实验 17　　数字秒表设计

一、实验前的准备

（1）安装好 Vivado 或 Quartus Ⅱ等 FPGA 开发软件，检查开发板、下载线、电源线是否齐全。

（2）熟悉数码管的原理，查看开发板电路原理图，熟知数码管共阴、共阳特性。

二、实验目的

（1）熟悉利用 Vivado 开发数字电路的基本流程和 Vivado 软件的相关操作。

（2）掌握基本的设计思路及软件环境参数配置、仿真、管脚约束、利用 JTAG 进行下载等基本操作。

（3）了解 Verilog HDL 语言设计或原理图设计方法。

（4）通过本知识点的学习，掌握数字秒表的设计方法。

三、实验任务

采用 Verilog HDL 语言设计一个秒表电路，用软件进行仿真，观察仿真波形，验证结果正确后，将代码下载到开发板进行测试。欲使数码管显示 0～59 的计数，可采用计数器原理，计数的时钟信号是 1 Hz（基准单位周期为 1 s），计数结果即可表示 0～59 s，然后采用数码管动态扫描进行译码显示。需要由开发板上的 2 位数码管动态显示出秒表的数值。本次设计采用层次化设计的方法。

四、实验内容

设计思路：需要什么找什么，采用倒推法。

设计思路如图 2-29 所示。

（1）明确顶层输入、输出端口。在此电路中，需要输入复位信号 rst、时钟信号 clk，输出信号是数码管的位选信号和段码信号，如表 2-9 所示。

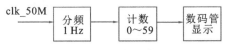

图 2-29　设计思路图

表 2-9　实验 I/O 端口介绍

信 号 名	I/O	位 宽	说 明
clk	I	4	系统时钟信号
rst	I	1	系统复位信号,低电平有效
led	O	8	表示数码管的 8 位段码信号,对应的位为 1 时表示亮,为 0 时表示灭
led_cs	O	6	表示数码管的位选信号,此处 6'b011111 表示选中第 1 位数码管, 6'b101111 表示选中第 2 位数码管

（2）复位时,所有数码管都不显示任何数值,led＜＝8'b0000_0000。

（3）复位后,计数器开始计数,计数范围是 0～59,数码管显示出当前计数的数值,数码管显示需要有数码管译码电路和数码管扫描电路。

（4）数码管扫描频率设计为 1 kHz,开发板时钟信号为 50 MHz,需要对其进行分频,得到 clk_1KHz 信号。

（5）实现 0～59 的计数,需要有一个 6 位位宽的计数器,对 1 s 的信号进行赋值。

（6）需要 1 s 的信号,开发板时钟信号为 50 MHz,需要对其进行分频,得到 clk_1Hz 的信号。

设计流程如下:

（1）新建一个名为"second2_display"的工程文件,同时新建一个顶层设计文本,并取名为"second2_display",它的三个子层文件分别取名为"div""cnt60""display"。

（2）输入代码,进行编译、综合。对三个子层文件进行设计,分别建立三个子设计文件,分别用于设计分频电路、计数电路和显示模块电路。

①编写分频模块代码。

```
module   div(clk_50M,clk_1Hz,clk_1KHz);
        input clk_50M;                      //输入时钟信号 50 MHz
        output clk_1Hz;                     //分频输出信号 1 Hz
        output clk_1KHz;
        reg clk1,clk1k;            //中间变量 clk1
        reg [27:0] counter1=0;
        reg [15:0] counter2=0;
        parameter R1=500;          //50000000
        always @（posedge clk_50M）          // 输入时钟上升沿
            begin
                if（counter1==R1）    //如果计数器等于分频比一半
                    begin
                        counter1<=0;        //分频计数器清 0
```

```
                                clk1<= 1;          //clk1hz 进行翻转
                        end
                    else
                        begin
                            counter1<=counter1+1;      //计数器累加
                            clk1<=0;
                        end
                end
        parameter R2=5;//5000;
        always @ (posedge clk_50M )                  // 输入时钟上升沿
                begin
                    if (counter2==R2)              //如果计数器等于分频比一半
                        begin
                            counter2<=0;            //分频计数器清 0
                            clk1k<=1;               //clk1khz 进行翻转
                        end
                    else
                        begin
                            counter2<=counter2+1;      //计数器累加
                            clk1k<=0;
                        end
                end
        assign   clk_1Hz=clk1;                   //将中间结果向端口输出
        assign   clk_1KHz=clk1k;
    endmodule
```

②编写计数模块代码。

```
module cnt60(clk,rst,en,sec_ge,sec_shi,cout);
        input clk,rst,en;                    //时钟、复位和暂停
        output [3:0] sec_ge,sec_shi;         //秒的个位、十位输出 0~9
        output cout;                         //分钟进位信号
        reg [5:0] counter=0;                 //定义计数器变量
        reg cout=0;
        assign sec_ge=counter %10;           //计数器对 10 取余,提取个位
        assign sec_shi=counter/10;           //对 10 取整,提取十位
        always @(posedge clk or negedge rst )
            begin
                if ( ! rst)   counter<=0;    //rst=0 时,异步清 0
                else if (en)                 // en=1,同步使能允许计数
                    begin
                        if ( counter<59 )   counter<=counter+1;
                        else counter<=0;     //否则 counter>=59 时,清 0
                    end
            end
```

```
                end
        always @ ( counter )              //组合电路的过程,构建进位信号
                begin
                        if (counter==59) cout<=1;
                        else            cout<=0;
                end
        endmodule
```

③编写显示模块代码。

```
        module display (clk,sec_ge,sec_shi ,seg_cs,segment);
                input clk;
                input [3:0] sec_ge,sec_shi ;
                output [7:0] segment;
                output [5:0] seg_cs;
                reg [5:0] seg_cs=0;
                reg [7:0] segment=0;
                reg [3:0] A=0;
                reg address=0;
        always @(posedge clk_1KHz) //address 是地址选择控制端口,以 1 kHz 的频率自动加"1"
                        begin
                                if(address==0)
                                        address<=address+1;
                                else address<=0;
                        end
                always @(address)      //根据 address 值不同,选择不同的数码管进行显示
                        begin
                                if (address)  begin A<=sec_shi ;  seg_cs<=6'b111101; end
                                else         begin A<=sec_ge;   seg_cs<=6'b111110; end
                        end
        /////8 段码译码模块//////////
        always @ (A)
                        begin
                                case(A)
                                    0:segment<=8'b00111111;
                                    1:segment<=8'b00000110;
                                    2:segment<=8'b01011011;
                                    3:segment<=8'b01001111;
                                    4:segment<=8'b01100110;
                                    5:segment<=8'b01101101;
                                    6:segment<=8'b01111101;
                                    7:segment<=8'b00000111;
                                    8:segment<=8'b01111111;
                                    9:segment<=8'b01101111;
```

```
                        default : segment<=8'b00000000;
                    endcase
            end
```

④编写顶层设计代码。

```
module  second2_display (clk,rst,enable,seg_cs,segment,cout);
    input clk,rst,enable;
    output [7:0] segment;                              //8位段码
    output [5:0] seg_cs;
    output cout;
    wire clka, clkb;
    wire [3:0] ge,shi;
    div inst (
                            .clk_50M(clk),
                            .clk_1Hz(clka),
                            .clk_1KHz(clkb));
        cnt60     inst1    (   .clk(clka),
                            .rst(rst),
                            .en(enable),
                            .sec_ge(ge),
                            .sec_shi(shi),
                            .cout(cout));
        display   inst2    (   .clk(clkb),
                            .sec_ge(ge),
                            .sec_shi(shi),
                            .seg_cs(seg_cs),
                            .segment(segment));
    endmodule
```

(3)编写测试代码,分别对三个子模块进行仿真测试,保证底层代码正确无误,再对顶层进行仿真。

对分频模块进行仿真:

```
module   div_tb;
        reg clk_50M;                        //输入时钟信号 50MHz
        wire clk_1Hz;                       //分频输出信号 1Hz
        wire clk_1KHz;
    div inst(
        .clk_25M(clk_25M),
        .clk_1Hz(clk_1Hz),
        .clk_1KHz(clk_1KHz)
        );
```

初始化激励信号的值,产生 25 MHz 时钟信号:

```
    initial
        begin
            clk_25M=0;
        end
    always #20 clk_25M=~clk_25M;
    endmodule
```

对计数模块进行仿真：

```
module    div_tb;
        reg clk_50M;                    //输入时钟信号 50MHz
        wire clk_1Hz;                   //分频输出信号 1Hz
        wire clk_1KHz;
    cnt60 inst(
        .clk(clk),
        .rst(rst),
        .en(en),
        .sec_ge(sec_ge),
        .sec_shi(sec_shi),
        .cout(cout)
    );
```

初始化激励信号的值，产生 25 MHz 时钟信号：

```
    initial
        begin
            clk=0;
            rst=1;
            en=1;
        end
    always #20 clk=~clk;
    endmodule
```

实例化显示模块：

```
'timescale 1ns / 1ps
module display_tb;
    reg clk;
    reg [3:0] sec_ge=0;
    reg [3:0] sec_shi=0 ;
    wire [7:0] segment;
    wire [5:0] seg_cs;
display inst(
    .clk(clk),
    .sec_ge(sec_ge),
    .sec_shi(sec_shi) ,
```

```
        . segment(segment),
        . seg_cs(seg_cs)
    );
```

初始化激励信号的值，每延时 100 个时钟单位，改变一次激励信号的值：

```
    initial
    begin
            clk=0;
            sec_ge=0;
            sec_shi=0;
            repeat(10)
            begin
                # 100 begin sec_ge= 1;sec_shi=2;end
                # 100 begin sec_ge= 2;sec_shi=9;end
                # 100 begin sec_ge= 3;sec_shi=6;end
                # 100 begin sec_ge= 4;sec_shi=7;end
                # 100 begin sec_ge= 5;sec_shi=8;end
            end
        end
    always # 20 clk=~clk;
    endmodule
```

对顶层模块进行仿真：

```
    'timescale 1ns / 1ps
    module second2_display_tb;
            reg clk;
            reg rst;
            reg enable;
            wire [7:0] segment;
            wire [5:0] seg_cs;
            wire cout;
    second2_display inst(
            . clk(clk),
            . rst(rst),
            . enable(enable),
            . segment(segment),
            . seg_cs(seg_cs),
            . cout(cout)
            );
```

初始化激励信号的值，每延时 100 个时钟单位，改变一次激励信号的值，产生 25 MHz
时钟信号：

```
    initial
```

```
        begin
            clk＝0；
            rst＝0；
            enable＝0；
            ＃100 rst＝1；
            ＃100 enable＝1；
        end
        always ＃20 clk＝～clk；
    endmodule
```

（4）对工程文件进行编译、综合，直接生成对应的 RTL 电路。

与分频模块对应的 RTL 电路如图 2-30 所示。

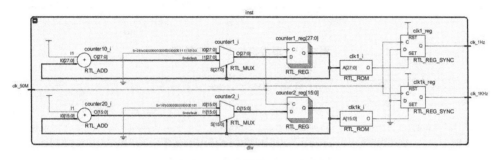

图 2-30　分频模块 RTL 电路图

与计数模块对应的 RTL 电路如图 2-31 所示。

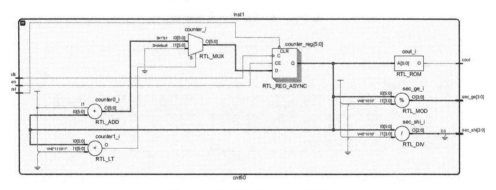

图 2-31　计数模块 RTL 电路图

与显示模块对应的 RTL 电路如图 2-32 所示。

与顶层模块对应的 RTL 电路如图 2-33 所示。

（5）对电路进行仿真。可以选择用 ModelSim 进行仿真，也可以选择用 Vivado 自带的仿真器进行仿真。各模块的仿真结果如图 2-34 至图 2-38 所示。

为了观察方便，对仿真计数器的计数范围进行了调整。由图 2-34 可以看出，分频过后，clk_1KHz 和 clk_1Hz 给出了高电平作为指示。在显示模块中，为了仿真方便，调整了分频的值。从 1.6 ns 到 2.0 ns 显示的是 40～49 的计数，从 2.0 ns 到 2.4 ns 显示的是 50～59 的计数。当计数器计到 59 时，计数器被清 0，cout 信号给出一个高电平。

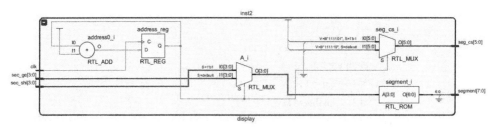

图 2-32　显示模块 RTL 电路图

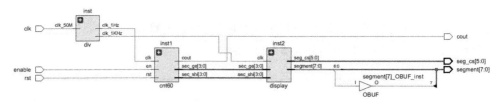

图 2-33　顶层模块 RTL 电路图

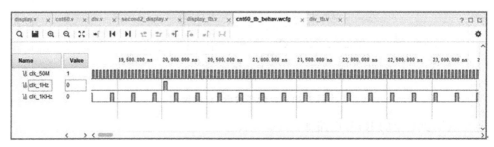

图 2-34　分频模块仿真波形图

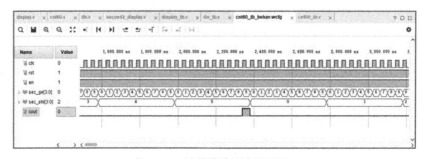

图 2-35　计数模块仿真波形图

在显示模块中，随着计数器显示的数值不同，数码管的段码和位码值不同。此处为了方便显示，采用了十六进制的数值显示位码和段码。可以将十六进制数转换成二进制数对比数码管的 8 个发光二极管进行分析。

在顶层设计中，秒表的功能是否符合预期的设定不太方便观察，可以根据某一时刻的数据进行分析，分析正确后，将代码下载到开发板进行测试。

（6）仿真结果无误后，对工程文件进行编译、下载，在实验板上进行验证。

94

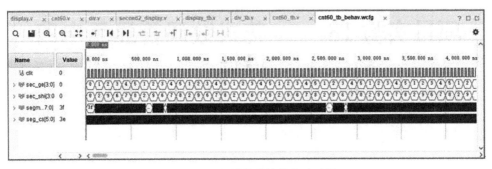

图 2-36　显示模块整体仿真波形图

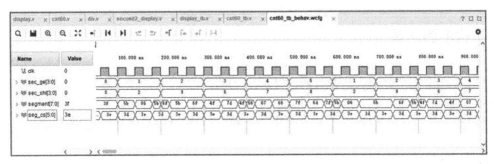

图 2-37　显示模块局部仿真波形图

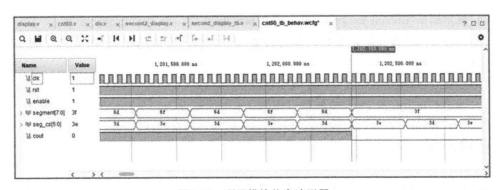

图 2-38　顶层模块仿真波形图

五、思考与练习

根据数字秒表设计原理,设计一个电子时钟,要求实现时间显示功能、调节时间功能、闹钟功能。动动手,实现它吧。

项目实验 18　　花式数码管显示电路设计

一、实验前的准备

（1）安装好 Vivado 或 Quartus Ⅱ 等 FPGA 开发软件，检查开发板、下载线、电源线是否齐全。

（2）熟悉数码管的原理，查看开发板电路原理图，熟知数码管的共阴、共阳特性。

二、实验目的

（1）熟悉利用 Vivado 开发数字电路的基本流程和 Vivado 软件的相关操作。

（2）掌握基本的设计思路及软件环境参数配置、仿真、管脚约束、利用 JTAG 进行下载等基本操作。

（3）了解 Verilog HDL 语言设计或原理图设计方法。

（4）通过本知识点的学习，掌握数码管的显示与控制方法。

三、实验任务

采用 Verilog HDL 语言设计一个花式数码管显示电路，用软件进行仿真，观察仿真波形，验证结果正确后，将代码下载到开发板进行测试。具体功能如下：要求使用开发板上的 1 个数码管——数码管 0，数码管 0 复位时不显示任何数值，复位后显示数字"0"并持续 1 s，接着显示数字"1"并持续 2 s，然后显示数字"2"并持续 3 s，以此类推，最后显示数字"9"并持续 10 s。之后进入显示数字"0"并持续 1 s 至显示数字"9"并持续 10 s 的循环中。

四、实验内容

设计思路：需要什么找什么，采用倒推法。

（1）本次实验所需信号如表 2-10 所示。

表 2-10　实验 I/O 端口介绍

信 号 名	I/O	位 宽	说 明
clk	I	1	系统工作时钟频率为 50 MHz
rst	I	1	复位信号,低电平有效
segment	O	8	数码管数据位,为 1 时点亮,为 0 时熄灭
segment_cs	O	6	数码管位选信号,低电平有效

（2）明确顶层输入、输出端口。在此电路中,需要输入复位信号 rst、时钟信号 clk,输出信号是数码管的位码和段码。

```
module segment_display(clk,rst,segment,segment_cs);
input clk;
input rst;
output [7:0] segment;
output [5:0] segment_cs;
reg [25:0] counter;
reg [5:0] second;
parameter R1=50000000;
always@(posedge clk or negedge rst)
            begin
                if(rst==0)
                    begin
                        counter<=0;
                    end
                else if(counter==R1-1)
                    begin
                        counter<=0;
                    end
                else begin
                        counter<=counter+1;
                    end
            end
```

（3）明确需要哪些中间信号。仍然用倒推法,数码管需要显示,则需要数码管译码电路。下列代码表示选中数码管第一位。

```
always@(posedge clk or negedge rst)
    begin
        if(rst==1'b0)
            begin
                segment_cs<=6'b111111;    //复位,不选中任何位码
            end
        else
```

```
        begin
            segment_cs<=6'b011111;      //不复位,选中第一位位码
        end
    end
```

数码管 0 显示数字"0",segment 的值为 8'b00111111;second 的值为 0。

```
if(second==0&&counter==R1-1)
    begin
        segment<=8'b00111111;
    end
```

数码管 0 显示数字"1",segment 的值为 8'b00000110;second 的值为 1,表示上一状态显示"0"持续时间为 1 s。

```
if(second==1&&counter==R1-1)
    begin
        segment<=8'b00000110;
    end
```

数码管 0 显示数字"2",segment 的值为 8'b01011011;second 的值为 3,表示上一状态显示"1"持续时间为 2 s。

```
if(second==3&&counter==R1-1)
    begin
        segment<=8'b01011011;
    end
```

数码管 0 显示数字"3",segment 的值为 8'b01001111;second 的值为 6,表示上一状态显示"2"持续时间为 3 s。以此类推。

```
if(second==6&&counter==R1-1)
    begin
        segment<=8'b01001111;
    end
```

(4)此时开发板提供的是 50 MHz 的频率,需要对开发板的时钟进行分频,实现所要求的持续 1 s、2 s、3 s、4 s、5 s、6 s、7 s、8 s、9 s、10 s,一共是(1+2+3+4+5+6+7+8+9+10) s=55 s。

```
always@(posedge clk or negedge rst)
    begin
        if(rst==0)
            begin
                second<=0;
            end
        else if(second==54&&counter==R1-1)
            begin
```

```
                                    second<=0;
                            end
                    else if(counter==R1-1)
                        begin
                            second<=second+1;
                        end
                    else
                        begin
                            second<=second;
                        end
                end
        endmodule
```

(5)测试激励文件的编写。

模块及变量定义：

```
module segment_display_tb;
        reg clk=0;
        reg rst=0;
        wire [7:0] segment;
        wire [5:0] segment_cs;
```

实例化待测试模块：

```
segment_display inst(
        .clk(clk),
        .rst(rst),
        .segment(segment),
        .segment_cs(segment_cs)
    );
```

初始化变量以及输入测试数据：

```
intial
    begin
        clk=0;
        rst=0;
        #100 rst=1;
    end
always #20 clk=~clk;
endmodule
```

　(6)对工程文件进行编译、综合,直接生成对应的 RTL 电路。对于 RTL 电路中的某一器件,可以右键单击 go to source 查看与之匹配的代码。RTL 电路如图 2-39 所示(图太大,各位同学可以通过 Vivado 软件缩放功能进行详细查看)。

　(7)对电路进行仿真。可以选择用 ModelSim 进行仿真,也可以选择用 Vivado 自带的

图 2-39　花式数码管 RTL 电路图

仿真器进行仿真。为了方便观察波形,把计数器中的数值缩小至原来的 1/1 000 000。仿真波形如图 2-40 所示。

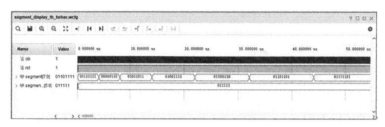

图 2-40　花式数码管仿真波形图

(8)仿真结果无误后,对工程文件进行编译、下载,在实验板上进行验证。

五、思考与练习

根据花式数码管设计原理,也要求每一个状态持续的时间不同,设计一个矿山爆破预警指示器。

实施矿山爆破时,将炸药放置好,确认安全可靠后,向班组长和放炮员下达放炮命令。

(1)母线与电雷管脚线连接后,放炮员第一次吹口哨并大声叫喊"要放炮啦"。中间持续120 s。

(2)放炮员连接好放炮母线与电雷管脚线后沿路检查路线时,第二次吹口哨并大声叫喊"快放炮啦"。中间持续 120 s。

(3)到达放炮点,经请示并经调度室同意放炮后,班组长将放炮牌交给放炮员,命令放炮员放炮;放炮员将母线连接在放炮器的接线端并拧紧,这时第三次吹口哨并大声叫喊"放炮啦";等待 30 s 后,放炮员将放炮器钥匙开关转到充电位置,等氖灯闪亮稳定,将钥匙开关转到放电位置起爆。

根据每个状态持续的时间不一致,进行倒计时显示。

项目实验 19　　交通灯电路设计

一、实验前的准备

(1)安装好 Vivado 或 Quartus Ⅱ等 FPGA 开发软件,检查开发板、下载线、电源线是否齐全。

(2)了解交通灯系统原理图,检查高低电平的有效性。

二、实验目的

(1)熟悉利用 Vivado 开发数字电路的基本流程和 Vivado 软件的相关操作。

(2)掌握基本的设计思路及软件环境参数配置、仿真、管脚约束、利用 JTAG 进行下载等基本操作。

(3)通过本知识点的学习,掌握状态机设计方法。

三、实验任务

使用 Verilog HDL 语言设计交通灯电路,东、西、南、北四个方向,每个方向都有红、黄、绿三个 LED 灯,数码管显示时间倒计时数值,模拟十字路口的交通灯系统。用软件进行仿真,观察仿真波形,验证结果正确后,将代码下载到开发板进行测试。

四、实验内容

复位时所有方向的绿灯亮,复位后每个方向按照绿灯→黄灯→红灯的顺序依次循环变亮,其中南北方向(主路)上绿灯持续亮 22 s,黄灯持续亮 4 s,红灯持续亮 16 s;东西方向(支路)上绿灯持续亮 12 s,黄灯持续亮 4 s,红灯持续亮 26 s。

设计思路如图 2-41 所示,具体如下:

(1)在此电路中,需要输入时钟信号 clk、复位信号 rst-n,输出 1 个 6 位 LED 灯信号,如表 2-11 所示。

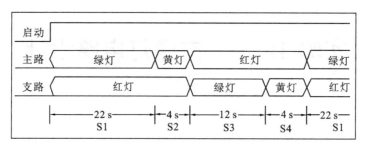

图 2-41 设计思路图

表 2-11 实验 I/O 端口介绍

信 号 名	I/O	位 宽	说 明
clk	I	1	系统工作时钟频率为 50 MHz
rst_n	I	1	系统复位信号,低电平有效
led	O	6	表示 1 个 LED 灯信号,对应的位为 1 时表示亮,为 0 时表示灭

(2)将系统时钟信号进行分频,产生 1 Hz 信号,通过 1 Hz 信号控制状态机状态转换。交通灯形象图如图 2-42 所示,交通灯电路状态转换如图 2-43 所示。

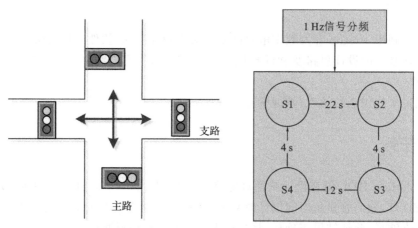

图 2-42 交通灯形象图   图 2-43 交通灯电路状态转换图

(3)列举出各个状态下所有 LED 灯的状态以及持续时间。

①S1:主路绿灯点亮,支路红灯点亮,持续 22 s。

②S2:主路黄灯点亮,支路红灯点亮,持续 4 s。

③S3:主路红灯点亮,支路绿灯点亮,持续 12 s。

④S4:主路红灯点亮,支路黄灯点亮,持续 4 s。

设计步骤如下:

(1)根据列出的状态定义 S1~S4 四种状态,并定义红、黄、绿三种 LED 灯对应的二进制状态。

```
module Traffic_Light
(
```

```
    input clk_in,                    //时钟输入
    input rst_n_in,                  //复位
    output reg [2:0] led_master,     //主路 LED 显示
    output reg [2:0] led_slave,      //支路 LED 显示
    output [8:0] segment_led_1,      //数码管输出
    output [8:0] segment_led_2       //数码管输出
    );
    localparam S1 = 2'b00,    //主路绿灯、支路红灯
               S2 = 2'b01,    //主路黄灯、支路红灯
               S3 = 2'b10,    //主路红灯、支路绿灯
               S4 = 2'b11;    //主路红灯、支路黄灯
    localparam RED = 3'b011, GREEN = 3'b101, YELLOW = 3'b110;  //定义常量
```

（2）分别定义 2 个 2 位位宽的变量，即 c_state 和 n_state（它们分别代表当前状态和下一状态），并确定状态跳转前后的关系。

```
    reg [1:0] c_state,n_state;
    always @(posedge clk_1Hz or negedge rst_n_in)
        if(! rst_n_in)
            c_state <= S1;
        else
            c_state <= n_state;
```

（3）根据列出的各个状态及持续时间写出对应的逻辑输出，定义一个计数器 timecnt，用于交通灯计时。

```
    reg [7:0] timecnt;
    //判断转移条件
    always @(c_state or timecnt)
        if(! rst_n_in)begin
            n_state = S1;
        end else begin
            case(c_state)
              S1: if(! timecnt) n_state = S2; else n_state = S1;
              S2: if(! timecnt) n_state = S3; else n_state = S2;
              S3: if(! timecnt) n_state = S4; else n_state = S3;
              S4: if(! timecnt) n_state = S1; else n_state = S4;
              default:n_state = S1;
            endcase
        end
    always @(posedge clk_1Hz or negedge rst_n_in) begin
        if(! rst_n_in)begin
            timecnt <= 8'h21;
            led _master <= GREEN;      // 等价于 led _master <= 3'b101
            led_slave <= RED;          // 等价于 led _ slave <= 3'b011
```

```verilog
    end else begin
      case(n_state)
    S1: begin
          led_master <= GREEN;  // 等价于 led _master <= 3'b101
          led_slave <= RED;      // 等价于 led _ slave <= 3'b011
          if(timecnt==0) begin
              timecnt <= 8'h21;    //第一种状态持续 21s
          end else begin
            if(timecnt[3:0]==0) begin    //当个位为 0 时
              timecnt[7:4] <= timecnt[7:4] - 1'b1;   //计数器十位减 1
              timecnt[3:0] <= 4'd9;        //计数器个位赋值 9
          end else timecnt[3:0] <= timecnt[3:0] - 1'b1;//个位不为 0,继续减 1
            end
      end
    end
    S2: begin
        led_master <= YELLOW;
        led_slave <= RED;
        if(timecnt==0) begin
            timecnt <= 8'h03;
        end else begin
            if(timecnt[3:0]==0) begin
                timecnt[7:4] <= timecnt[7:4] - 1'b1;
                timecnt[3:0] <= 4'd9;
            end else timecnt[3:0] <= timecnt[3:0] - 1'b1;
        end
    end
    S3: begin
        led_master <= RED;
        led_slave <= GREEN;
        if(timecnt==0) begin
            timecnt <= 8'h15;
        end else begin
            if(timecnt[3:0]==0) begin
                timecnt[7:4] <= timecnt[7:4] - 1'b1;
                timecnt[3:0] <= 4'd9;
            end else timecnt[3:0] <= timecnt[3:0] - 1'b1;
        end
    end
    S4: begin
        led_master <= RED;
        led_slave <= YELLOW;
        if(timecnt==0) begin
            timecnt <= 8'h03;
```

```
        end else begin
            if(timecnt[3:0]==0) begin
                timecnt[7:4] <= timecnt[7:4] - 1'b1;
                timecnt[3:0] <= 4'd9;
            end else timecnt[3:0] <= timecnt[3:0] - 1'b1;
        end
    end
    default:;
    endcase
  end
end
//实例化数码管显示模块
Segment_led Segment_led_uut
(
. seg_data_1(timecnt[7:4]),
. seg_data_2(timecnt[3:0]),
. segment_led_1(segment_led_1),
. segment_led_2(segment_led_2)
);
endmodule
```

(4)数码管显示部分代码。

```
module Segment_led
(
input [3:0] seg_data_1,        //数码管数据输入 1
input [3:0] seg_data_2,        //数码管数据输入 2
output [8:0] segment_led_1, //MSB~LSB = SEG,DP,G,F,E,D,C,B,A
output [8:0] segment_led_2 //MSB~LSB = SEG,DP,G,F,E,D,C,B,A
);
reg [8:0] seg [9:0];
initial
    begin
        seg[0] = 9'h3f;        // 0
        seg[1] = 9'h06;        // 1
        seg[2] = 9'h5b;        // 2
        seg[3] = 9'h4f;        // 3
        seg[4] = 9'h66;        // 4
        seg[5] = 9'h6d;        // 5
        seg[6] = 9'h7d;        // 6
        seg[7] = 9'h07;        // 7
        seg[8] = 9'h7f;        // 8
        seg[9] = 9'h6f;        // 9
    end
```

```
    assign segment_led_1 = seg[seg_data_1];
    assign segment_led_2 = seg[seg_data_2];
    endmodule
```

编写仿真测试代码进行仿真测试,实例化被测模块。

```
'timescale 1ns / 1ps
module Traffic_Light_tb;
    reg clk,rst_n;
    wire [2:0] led_master;
    wire [2:0] led_slave;
    wire [8:0] segment_led_1;
    wire [8:0] segment_led_2 ;
Traffic_Light u1
    (
        . clk_in(clk),
        . rst_n_in(rst_n),
        . led_master(led_master),
        . led_slave(led_slave),
        . segment_led_1(segment_led_1),
        . segment_led_2(segment_led_2)
    );
```

(5)初始化激励信号的值。延时 50 个时钟单位后将 rst_n 的值调为"1",生成 25 MHz 的时钟信号。

```
initial begin
    clk = 1'b0;
    rst_n = 1'b0;
    #50;
    rst_n = 1'b1;
end
always #20 clk = ~clk;
endmodule
```

(6)对电路进行仿真。可以选择用 ModelSim 进行仿真,也可以选择用 Vivado 自带的仿真器进行仿真。整体仿真波形如图 2-44 所示。由仿真波形可以看出,与设计的功能真值表相匹配。

滚动鼠标滚轮,可以观察数码管的数值显示。局部仿真波形如图 2-45 所示。

从实际仿真图中可以看出:

①S1:主路绿灯点亮,支路红灯点亮,持续 22 个时钟单位;

②S2:主路黄灯点亮,支路红灯点亮,持续 4 个时钟单位;

③S3:主路红灯点亮,支路绿灯点亮,持续 12 个时钟单位;

④S4:主路红灯点亮,支路黄灯点亮,持续 4 个时钟单位。

(7)仿真结果无误后,对工程文件进行编译、下载,在实验板上进行验证。

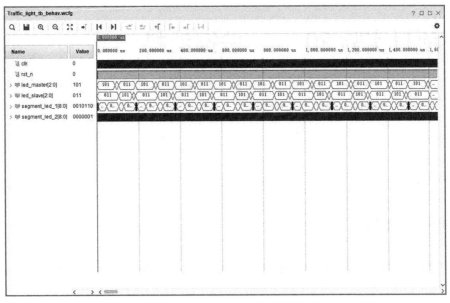

图 2-44　交通灯电路整体仿真波形图

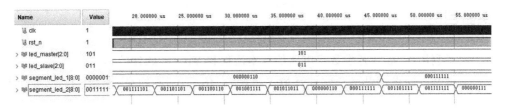

图 2-45　交通灯电路局部仿真波形图

五、思考与练习

(1)本实验只是设计了车行灯的控制系统,动动脑筋,设计一个包含车行灯和人行灯的交通灯系统。

(2)设计一个智能交通系统,根据车流量调整十字路口红、黄、绿灯的亮灯时间。

项目实验 20　　按键消抖

一、实验前的准备

(1)安装好 Vivado 或 Quartus Ⅱ等 FPGA 开发软件,检查开发板、下载线、电源线是否齐全。

(2)熟悉按键延时抖动原理,查看开发板电路原理图。

二、实验目的

(1)熟悉利用 Vivado 开发数字电路的基本流程和 Vivado 软件的相关操作。

(2)掌握基本的设计思路及软件环境参数配置、仿真、管脚约束、利用 JTAG 进行下载等基本操作。

(3)了解 Verilog HDL 语言设计或原理图设计方法。

(4)通过本知识点的学习,掌握按键消抖的方法。

三、实验任务

使用 Verilog HDL 语言设计实现按键消抖,判断按键是否被按下了。用软件进行仿真,观察仿真波形,验证结果是否正确。

四、实验原理

抖动的产生:通常按键所用的开关为机械弹性开关,当机械触点断开、闭合时,由于机械触点的弹性作用,一个按键开关在闭合时不会马上稳定地接通,在断开时也不会一下子断开,因而在闭合及断开的瞬间均伴随有一连串的抖动。为了不产生这种现象而采取的措施就是按键消抖。

消抖的好处是可以消除误触发和更好地记录按键次数。例如想通过按键来翻转 LED 灯的信号,按一次 LED 灯状态翻转一次,如果没有对按键进行消抖,则会产生很多误触发,造成信号不必要的翻转。另外,当想记录按键动作的次数时,执行按键消抖可以更好地应用按键功能。

消除抖动的措施:一般采用软件方法消抖,即检测到按键按下动作之后进行 10~20 ms 的延时,在前沿的抖动消失之后再一次检测按键的状态。如果仍然是按下的电平状态,则认为这是一次真正的按下按键。同样,检测到按键释放,也要做 10~20 ms 的延时,检测到后沿的抖动消失后认为这是一个完整的按键弹起过程。

要消除按键的抖动,需要去扫描按键,也就是不断地去采集按键的状态。软件消抖时,一般只考虑按键按下时的抖动,而放弃对释放时抖动的消除。用系统时钟信号(频率较高)去采集按键的状态,当检测到按下时用计数器延时 20 ms,然后再去检测按键的状态,如果这时按键仍处于按下状态,确认是一次按下动作,否则认为无按键按下。检测按键状态变化,就需要用到脉冲边沿检测的方法,如图 2-46 所示。

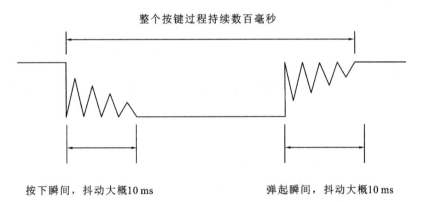

图 2-46　脉冲边沿检测法示例图

检测按键按下时要用到脉冲边沿检测的方法,捕捉信号的突变、捕捉时钟信号的上升下降沿等经常会用到这种方法。简单来说,就是用一个频率更高的时钟信号去触发要检测的信号,用两个寄存器去存储相邻两个时钟信号采集到的值,然后进行异或运算,如果不为 0,则代表出现了上升沿或者下降沿。

在按键消抖的过程中,同样运用了脉冲边沿检测的方法。用两个寄存器存储相邻时钟信号采集的值,然后将其取反与前一个值相与,如果为 1,则判断有下降沿(即有按键被按下,电平由高变低),否则无变化。

五、实验内容

设计思路如下:

(1)设计实现脉冲边沿检测,检测按键信号变化。

(2)检测出按键闭合后,执行一个延时程序,实现 5~10 ms 的延时,在前沿的抖动消失后再一次检测按键的状态。

(3)如果仍保持闭合状态电平,则确认为真正有按键被按下了。

(4)检测到按键释放后,至少要有 5~10 ms 的延时,待后沿的抖动消失后才能转入该键的处理程序。

设计流程如下:

（1）新建一个名为"debounce"的工程文件，同时新建一个设计文本，并取名为"debounce"。

（2）输入代码，进行编译、综合。

（3）利用非阻塞赋值特点，将两个时钟信号触发时按键的状态存储在两个寄存器变量中，初始化时给 key_rst 赋值全 1，第一个时钟信号上升沿触发之后把 key 的值赋给 key_rst，同时把 key_rst 的值赋给 key_rst_pre，即非阻塞赋值。相当于经过两个时钟信号触发，key_rst 存储的是当前时刻 key 的值，key_rst_pre 存储的是前一时刻 key 的值。

```verilog
module debounce (clk,rst,key,key_pulse);
    input clk;
    input rst;
    input key;              //输入的按键信号
    output key_pulse;       //按键动作产生的脉冲
    reg key_rst_pre;   //定义一个寄存器型变量，存储上一时刻触发时的按键值
    reg key_rst;       //定义一个寄存器型变量，存储当前时刻触发时的按键值
    wire key_edge;     //检测到按键状态由高电平到低电平变化时产生一个高脉冲
always @(posedge clk or negedge rst)
        begin
            if(! rst) begin
                key_rst <= 1'b1;
                key_rst_pre <= 1'b1;
            end
            else begin
                key_rst <= key;     //在不复位的情况下，进行寄存器两级赋值
                key_rst_pre <= key_rst;
            end
        end
```

（4）脉冲边沿检测。当 key 检测到下降沿时，key_edge 产生一个时钟周期的高电平。

```verilog
assign key_edge = key_rst_pre & (~key_rst);
```

（5）产生 20 ms 延时，当检测到 key_edge 有效时，计数器清 0，开始计数。

```verilog
always @(posedge clk or negedge rst)
        begin
            if(! rst)
              cnt <= 0;
            else if(key_edge)
              cnt <= 0;
            else
              cnt <= cnt + 1'h1;
        end
```

（6）延时后检测 key，如果按键的状态变为低电平，则产生一个时钟周期的高电平。如果按键的状态是高电平，则说明按键无效。

```
always @(posedge clk or negedge rst)
    begin
        if(! rst)
            key_sec <= 1'b1;
        else if(cnt==50)
            key_sec <= key;
    end
always @(posedge clk or negedge rst)
    begin
        if(! rst)
            key_sec_pre <= 1'b1;
        else
            key_sec_pre <= key_sec;
    end
assign key_pulse = key_sec_pre & (~key_sec);
endmodule
```

(7)编写仿真测试代码,定义激励信号(注意信号的位宽);定义 Testbench 测试模块以及变量,时间尺度为 ns,精度为 ps,激励信号为 reg 型,输出信号连线为 wire 型。

实例化被测试模块:

```
'timescale 1ns/1ps
module   debounce_tb;
    reg clk;
    reg rst;
    reg   key;
    wire key_pulse;
debounce inst(
        . clk(clk),
        . rst(rst),
        . key( key),
        . key_pulse(key_pulse)
);
```

初始化激励信号的值;改变激励信号的值,模拟按键按下过程;产生 50 MHz 的时钟信号:

```
initial begin
        clk=0;
        rst=0;
        key=0;
        #100 rst=1;
        #200 key=1;
        #500 key=0;
    end
```

```
        always #10 clk = ~clk;
    endmodule
```

（8）对工程文件进行编译、综合，直接生成对应的 RTL 电路。对于 RTL 电路中的某一器件，可以右键单击 go to source 查看与之匹配的代码。RTL 电路如图 2-47 所示（图太大，各位同学可以通过 Vivado 软件缩放功能进行详细查看）。

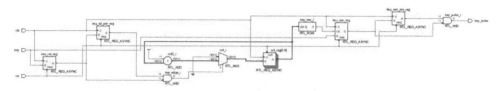

图 2-47 按键消抖 RTL 电路图

（9）对电路进行仿真。可以选择用 ModelSim 进行仿真，也可以选择用 Vivado 自带的仿真器进行仿真。仿真结果如图 2-48 所示。

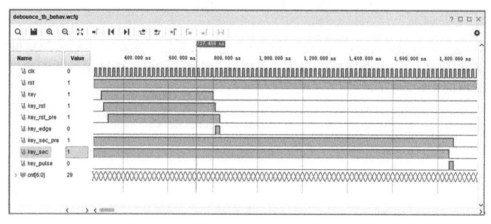

图 2-48 按键消抖仿真波形图

从仿真波形中可以看出，当检测到按键按下时，用计数器延时 20 ms（为更好地观察仿真结果，设计中的计数值已减小），然后再去检测按键的状态，如果这时按键仍处于按下状态，确认是一次按下动作，否则认为无按键被按下。

（10）仿真结果无误后，对工程文件进行编程、下载，在实验板上进行验证。

六、思考与练习

关于按键消抖，当同时按下多个按键时，怎么处理？

项目实验 21　　矩阵按键驱动电路设计

一、实验前的准备

（1）安装好 Vivado 或 Quartus Ⅱ等 FPGA 开发软件，检查开发板、下载线、电源线是否齐全。

（2）了解普通 4×4 矩阵键盘扫描原理。

二、实验目的

（1）熟悉利用 Vivado 开发数字电路的基本流程和 Vivado 软件的相关操作。

（2）掌握基本的设计思路及软件环境参数配置、仿真、管脚约束、利用 JTAG 进行下载等基本操作。

（3）了解 Verilog HDL 语言设计或原理图设计方法。

（4）通过本知识点的学习，熟悉矩阵键盘的扫描方法。

三、实验任务

使用 Verilog HDL 语言设计实现矩阵键盘识别，实现对 4×4 矩阵键盘按下键的键值进行读取，并通过 LED 显示灯显示。用软件进行仿真，观察仿真波形，验证结果正确后，将代码下载到开发板进行测试。

四、实验原理

当键盘上按键数量较多时，为了减少 I/O 口的占用，通常将按键排列成矩阵的形式，将行线和列线分别连接到按键开关的两端，这样我们就可以通过 4 根行线和 4 根列线（共 8 个 I/O 口）连接 16 个按键，而且按键数量越多，采用矩阵形式的优势越明显。

关于 FPGA 驱动矩阵按键模块，首先了解矩阵按键的硬件连接，如图 2-49 所示。

由图 2-49 可以看到，有 4 根行线（ROW1、ROW2、ROW3、ROW4）和 4 根列线（COL1、COL2、COL3、COL4），同时列线通过上拉电阻连接到 V_{CC} 电压（3.3 V）。对于矩阵按键来讲：4 根行线是输入线，由 FPGA 控制拉高或拉低；4 根列线是输出线，且输出由 4 根行线的

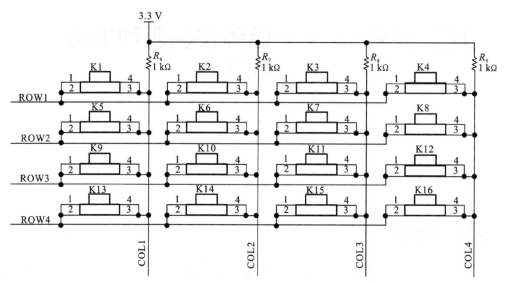

图 2-49　矩阵按键的硬件连接图

输入及按键的状态决定,并输出给 FPGA。当某一时刻,FPGA 控制 4 根行线分别为 ROW1 =0、ROW2=1、ROW3=1、ROW4=1 时,对于 K1、K2、K3、K4 按键来说,按下时对应 4 根列线输出 COL1=0、COL2=0、COL3=0、COL4=0,不按时对应 4 根列线输出 COL1=1、COL2=1、COL3=1、COL4=1;对于 K5~K16 按键,无论按下与否,对应 4 根列线均输出 COL1=1、COL2=1、COL3=1、COL4=1。

通过上面的描述可知:在这一时刻只有 K1、K2、K3、K4 按键被按下,才会导致 4 根列线输出 COL1=0、COL2=0、COL3=0、COL4=0,否则 COL1=1、COL2=1、COL3=1、COL4 =1;反之,当 FPGA 检测到列线(COL1、COL2、COL3、COL4)中有低电平信号时,对应的 K1、K2、K3、K4 按键应该是被按下了。

按照扫描的方式,一共分为 4 个时刻,分别对应 4 根行线中的 1 根拉低,4 个时刻依次循环,就完成了矩阵按键的全部扫描检测。在程序中,以这 4 个时刻对应状态机的 4 个状态。至于循环的周期,根据经验,按键抖动的不稳定时间在 10 ms 以内,所以对同一个按键采样的周期大于 10 ms,这里同样取 20 ms 时间。20 ms 时间对应 4 个状态,每 5 ms 进行一次状态转换。矩阵按键状态转移图如图 2-50 所示,矩阵按键状态转移表如表 2-12 所示。

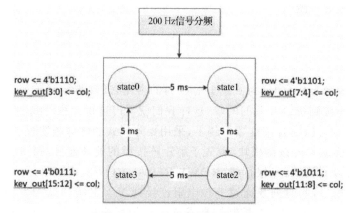

图 2-50　矩阵按键状态转移图

表 2-12　矩阵按键状态转移表

状　　态	行	列	按　　键
state0	ROW1＝0 第 1 行输出低电平，其余 输出高电平	判断第 1 列电平：COL1＝＝0/1	K1 被按下/松开
		判断第 2 列电平：COL2＝＝0/1	K2 被按下/松开
		判断第 3 列电平：COL3＝＝0/1	K3 被按下/松开
		判断第 4 列电平：COL4＝＝0/1	K4 被按下/松开
state1	ROW2＝0 第 2 行输出低电平，其余 输出高电平	判断第 1 列电平：COL1＝＝0/1	K5 被按下/松开
		判断第 2 列电平：COL2＝＝0/1	K6 被按下/松开
		判断第 3 列电平：COL3＝＝0/1	K7 被按下/松开
		判断第 4 列电平：COL4＝＝0/1	K8 被按下/松开
state2	ROW3＝0 第 3 行输出低电平，其余 输出高电平	判断第 1 列电平：COL1＝＝0/1	K9 被按下/松开
		判断第 2 列电平：COL2＝＝0/1	K10 被按下/松开
		判断第 3 列电平：COL3＝＝0/1	K11 被按下/松开
		判断第 4 列电平：COL4＝＝0/1	K12 被按下/松开
state3	ROW4＝0 第 4 行输出低电平，其余 输出高电平	判断第 1 列电平：COL1＝＝0/1	K13 被按下/松开
		判断第 2 列电平：COL2＝＝0/1	K14 被按下/松开
		判断第 3 列电平：COL3＝＝0/1	K15 被按下/松开
		判断第 4 列电平：COL4＝＝0/1	K16 被按下/松开

五、实验内容

设计流程如下：

(1)编写设计代码。

定义模块及 I/O 口。此时，要注意端口的位宽。

```
module array_key (clk_in,rst_n_in,col,row,key_out );
    input clk_in；              //系统时钟信号
    input rst_n_in；               //系统复位信号,低电平有效
    input [3:0] col；           //矩阵按键列接口
    output reg [3:0] row；          //矩阵按键行接口
    output reg [15:0] key_out；        //输出的信号
    parameter CNT_200hz = 20；   //定义计数器 cnt 的计数范围,实例化时可更改
    parameter state0 = 2'b00；
    parameter state1 = 2'b01；
    parameter state2 = 2'b10；
    parameter state3 = 2'b11；
```

状态机根据 clk_200hz 信号在 4 个状态间循环，每个状态对矩阵按键的行接口单行有效。

```
always@(posedge clk_200hz or negedge rst_n_in) begin
    if(! rst_n_in) begin
        c_state <= state0;
        row <= 4'b1110;
    end
    else begin
        case(c_state)
            state0: begin c_state <= state1; row <= 4'b1101; end
            state1: begin c_state <= state2; row <= 4'b1011; end
            state2: begin c_state <= state3; row <= 4'b0111; end
            state3: begin c_state <= state0; row <= 4'b1110; end
            default:begin c_state <= state0; row <= 4'b1110; end
        endcase
    end
end
```

因为每个状态中单行有效,所以通过对列接口的电平状态采样得到对应 4 个按键的状态,依次循环,采集当前状态的列数据并赋值给对应的寄存器位。

```
always@(negedge clk_200hz or negedge rst_n_in) begin
    if(! rst_n_in) begin
        key_out <= 16'hffff;
    end
    else begin
        case(c_state)
            state0:key_out[ 3:0] <= col;
            state1:key_out[ 7:4] <= col;
            state2:key_out[11:8] <= col;
            state3:key_out[15:12] <= col;
            default:key_out <= 16'hffff;
        endcase
    end
end
```

(2)编写仿真文件。

测试激励文件,定义模块及变量,确定仿真时间尺度及精度。

```
'timescale 1ns / 1ps
module array_key_tb;
    reg       clk_in;              //系统时钟
    reg       rst_n_in;            //系统复位,低电平有效
    reg       [3:0] col;           //矩阵按键列接口
    wire      [3:0] row;           //矩阵按键行接口
    wire [15:0] key_out;           //消抖后的信号
```

待测模块实例化。

```
    array_key inst(
        .clk_in(clk_in),
        .rst_n_in(rst_n_in),
        .col(col),
        .row(row),
        .key_out(key_out)
    );
```

初始化数据并输入测试数据。

```
    initial
        begin
            clk_in=0;
            rst_n_in=0;
            #20 rst_n_in=1;
            col=4'b1101;
        end
    always #2 clk_in=~clk_in;
    endmodule
```

（3）对工程文件进行编译、综合，直接生成对应的 RTL 电路。对于 RTL 电路中的某一器件，可以右键单击 go to source 查看与之匹配的代码。RTL 电路如图 2-51 所示（图太大，各位同学可以通过 Vivado 软件缩放功能进行详细查看）。

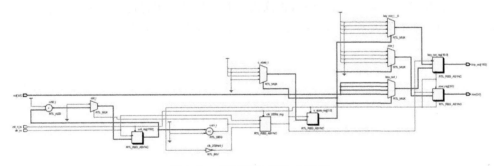

图 2-51　矩阵键盘 RTL 电路图

（4）对电路进行仿真。可以选择用 ModelSim 进行仿真，也可以选择用 Vivado 自带的仿真器进行仿真。为了方便观察波形，把计数器中的数值缩小了一定的倍数。仿真结果如图 2-52 所示。

从仿真波形图中可以看出，当 clk_200hz 的上升沿到来时，c_state 的状态改变一次，输出的 row 改变一次，在 100 ns 时刻，处于 01 状态（即 state1 状态），表明 ROW2 有按键被按下，FPGA 检测到 COL 输入信号为 1101，COL2 有低电平存在，结合处于 01 状态的条件，表明对应的 K6 被按下，key_out[15:0]输出为 1111111111011111，此处 key[5]=0对应 key6。

（5）仿真结果无误后，对工程文件进行编程、下载，在实验板上进行验证。

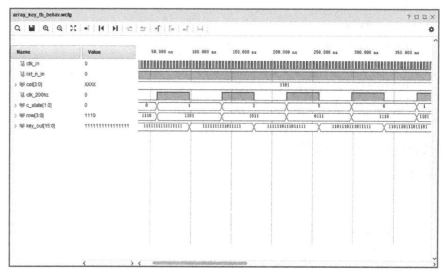

图 2-52　矩阵键盘仿真波形图

六、思考与练习

（1）根据矩阵键盘设计一个幼儿智力训练开启灯光系统,幼儿按下不同的按键,可以点亮对应的 LED 表示按下的位置。

（2）进行 PS/2 键盘解码设计,编写正确接收并解码键盘串行传输的按键数据的 Verilog HDL 程序,然后进行仿真程序的编写,检查设计是否能达到预定要求。

项目实验 22　　旋转编码器电路设计

一、实验前的准备

（1）安装好 Vivado 或 Quartus Ⅱ 等 FPGA 开发软件，检查开发板、下载线、电源线是否齐全。

（2）熟悉旋转编码器的工作原理，查看开发板电路原理图。

二、实验目的

（1）熟悉利用 Vivado 开发数字电路的基本流程和 Vivado 软件的相关操作。

（2）掌握基本的设计思路及软件环境参数配置、仿真、管脚约束、利用 JTAG 进行下载等基本操作。

（3）了解 Verilog HDL 语言设计或原理图设计方法。

（4）通过本知识点的学习，了解旋转编码器的控制方法。

三、实验任务

使用 Verilog HDL 语言设计实现旋转编码器旋转识别（左旋转、右旋转、按下）。用软件进行仿真，观察仿真波形，验证结果正确后，将代码下载到开发板进行测试。

四、实验原理

增量式编码器给出两相方波，它们的相位差 90°，传输这两相方波的通道通常称为 A 通道和 B 通道。其中一个通道给出与转速相关的信息。与此同时，通过将两个通道信号进行顺序对比，得到旋转方向的信息。还有一个特殊信号，称为 Z，与它对应的通道称为零通道，该通道给出编码器的绝对零位，此信号是一个方波，与 A 通道方波的中心线重合。

如图 2-53 所示，顺时针旋转时 A 信号提前 B 信号 90°相位，逆时针旋转时 B 信号提前 A 信号 90°相位，FPGA 接收到旋转编码器的 A、B 信号时，可以根据 A、B 的状态组合判定编码器的旋转方向。

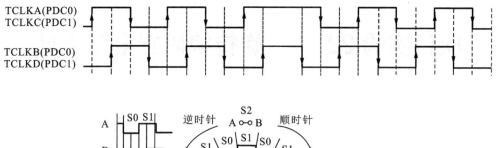

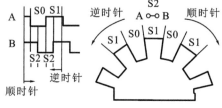

图 2-53　旋转编码器示意图

　　程序设计中可以对 A、B 信号进行检测,检测 A 信号的边沿及 B 信号的状态。当 A 信号上升沿到来时 B 信号为低电平,或当 A 信号下降沿到来时 B 信号为高电平,证明当前编码器为顺时针转动;当 A 信号上升沿到来时 B 信号为高电平,或当 A 信号下降沿到来时 B 信号为低电平,证明当前编码器为逆时针转动。本设计实际电路连接图如图 2-54 所示。

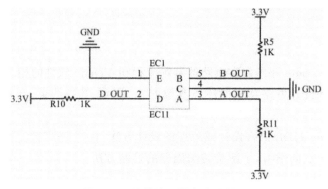

图 2-54　旋转编码器电路连接图

五、实验内容

　　设计思路如下:

　　(1)在此电路中,需要以系统时钟信号、复位信号以及 3 个按键控制信号作为输入信号,以左旋转脉冲、右旋转脉冲以及按键脉冲作为输出信号,如表 2-13 所示。

表 2-13　实验 I/O 端口介绍

信　号　名	I/O	位　　　宽	说　　　明
clk_in	I	1	系统工作时钟频率为 50 MHz
rst_n_in	I	1	系统复位信号,低电平有效
key_a	I	1	表示旋转编码器 A 管脚
key_b	I	1	表示旋转编码器 B 管脚

续表

信　号　名	I/O	位　　宽	说　　　明
key_ok	I	1	表示旋转编码器 D 管脚
Left_pulse	O	1	表示左旋转脉冲输出
Right_pulse	O	1	表示右旋转脉冲输出
OK_pulse	O	1	表示按键脉冲输出

（2）设定一个周期为 500 us 的计数器，用于控制键值采样频率。

（3）对旋转编码器的输入进行缓存，经过两级 D 触发器，消除亚稳态，同时延时锁存。

```
key_a_r<=key_a;
key_a_r1<=key_a_r;
key_b_r<=key_b;
key_b_r1<=key_b_r;
```

（4）对 A、B、D 管脚分别进行简单去抖。

```
if(cnt_20ms >= 6'd40)
            begin
                cnt_20ms <= 6'd0;
                key_ok_r <= key_ok;
            end else begin
                cnt_20ms <= cnt_20ms + 1'b1;
                key_ok_r <=key_ok_r;
        end
    end
```

（5）检测旋转编码器 A、B 信号的电平状态以及旋转编码器 OK_pulse 信号的下降沿。

```
wire A_state= key_a_r1 && key_a_r && key_a;
wire B_state= key_b_r1 && key_b_r && key_b;
assign OK_pulse= key_ok_r1 && (! key_ok_r);      //旋转编码器 OK_pulse 信号下降
                                                    沿检测
```

（6）定义一个中间变量 A_state_reg，再经过一个 D 触发器进行延时锁存。

```
reg A_state_reg;
always@(posedge clk_in or negedge rst_n_in)
    begin
        if(! rst_n_in) A_state_reg <= 1'b1;
        else A_state_reg <= A_state;
    end
```

（7）利用定义的中间变量 A_state_reg，检测旋转编码器 A 信号的上升沿和下降沿。

```
wire A_pos= (! A_state_reg) && A_state;
wire A_neg= A_state_reg && (! A_state);
```

(8)通过旋转编码器 A 信号的边沿和 B 信号的电平状态的组合判断旋转编码器的操作,并输出对应的脉冲信号。

```verilog
always@(posedge clk_in or negedge rst_n_in)
begin
    if(! rst_n_in)
        begin
            Right_pulse <= 1'b0;
            Left_pulse <= 1'b0;
        end
    else if(A_pos && B_state)
        Left_pulse <= 1'b1;
    else if(A_neg && B_state)
        Right_pulse <= 1'b1;
    else begin
        Right_pulse <= 1'b0;
        Left_pulse <= 1'b0;
    end
end
```

实例化被测模块。

```verilog
encoder inst(
        .clk_in(clk_in),
        .rst_n_in(rst_n_in),
        .key_a(key_a),
        .key_b(key_b),
        .key_ok(key_ok),
        .Left_pulse(Left_pulse),
        .Right_pulse(Right_pulse),
        .OK_pulse(OK_pulse)
    );
```

初始化激励信号的值;延时 2 个时钟单位后将 rst_n_in 的值调为高电平,使 A、B、D 信号均为低电平;再经过 25 个时钟单位后,将 B 信号调为高电平;又经过 50 个时钟单位后,将 A 信号调为高电平。

```verilog
initial
    begin
        clk_in=0;
        rst_n_in=0;
        #2  rst_n_in=1;
            key_a=0;
            key_b=0;
            key_ok=0;
```

```
                #25 key_b=1;
                #50 key_a=1;
            end
        always #2 clk_in=~clk_in;
    endmodule
```

（9）对电路进行仿真。可以选择用 ModelSim 进行仿真，也可以选择用 Vivado 自带的仿真器进行仿真。为了方便观察波形，把计数器中的数值缩小了一定的倍数。仿真结果如图 2-55 所示。

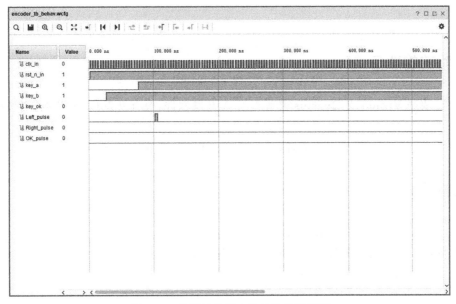

图 2-55　旋转编码器左旋转仿真波形图

由仿真波形可以看出，key_a 为上升沿时，key_b 为高电平，证明当前编码器为逆时针转动，即向左旋转。

（10）仿真结果无误后，对工程文件进行编程、下载，在实验板上进行验证。

六、思考与练习

根据旋转编码器的原理，设计一个电梯运行指示系统，要求能够通过检测旋转编码器的旋转方向，判断电梯是向上运动还是向下运动。

项目实验 23　简易电子琴设计

一、实验前的准备

(1)安装好 Vivado 或 Quartus Ⅱ 等 FPGA 开发软件,检查开发板、下载线、电源线是否齐全。

(2)熟悉简易电子琴的工作原理,查看开发板电路原理图。

二、实验目的

(1)了解蜂鸣器的简单工作原理及控制方法。

(2)熟练掌握数控分频器的 Verilog HDL 设计方法。

(3)进一步掌握层次化设计方法。

三、实验任务

使用 Verilog HDL 语言设计实现简易电子琴功能,应用开发板上的独立按键来模拟电子琴琴键功能,即每个按键对应能发出一种标准的音符声音,通过蜂鸣器发声实现一个简易电子琴。用软件进行仿真,观察仿真波形,验证结果正确后,将代码下载到开发板进行测试。

四、实验原理

蜂鸣器按照驱动方式主要分为有源蜂鸣器和无源蜂鸣器,二者的主要区别为蜂鸣器内部是否含有振荡源。一般的有源蜂鸣器内部自带了振荡源,只要通电就会发声;而无源蜂鸣器内部不含振荡源,需要外接振荡信号才能发声。

从外观上看,两种蜂鸣器很相似,如果将两种蜂鸣器的引脚都朝上放置,可以看出没有电路板而用黑胶封闭的是有源蜂鸣器,有绿色电路板的是无源蜂鸣器。蜂鸣器实物图如图2-56 所示。

电子琴是一种能弹奏乐曲的器件,乐曲往往是由两个参数,即音调(组成乐曲的每个音符的频率值)和音长(每个音符的持续时间)来表达的。对于交流蜂鸣器而言,输入信号频率

(a)有源蜂鸣器　　　　　　　　　　(b)无源蜂鸣器

图 2-56　蜂鸣器实物图

的高低会决定音调的高低,乐曲中的音调分为高音、中音和低音,每种音符又有 7 个音调,而每个音调所对应的信号频率值是固定的,如中音音名与频率的关系如表 2-14 所示。

表 2-14　中音音名与频率的关系

音　名	频率/Hz	音　名	频率/Hz
中音 1	523	中音 5	784
中音 2	587	中音 6	880
中音 3	659	中音 7	988
中音 4	699		

　　从该表中可以看出,要想蜂鸣器发出标准的音调,只需要能产生对应的频率信号并送入蜂鸣器。如何得到一系列不同的频率信号呢? 此时,完全可以通过利用数控分频器对一基准时钟信号实现分频来得到。设计数控分频器,关键的一点是要控制好分频比 R。根据分频比的概念(输入信号和输出信号之间的频率倍数)可以快速计算出每个音调所对应的分频比大小。

　　在本实验中,开发板所提供的基准时钟信号的频率是 50 MHz,现以中音 1 为例,$R=50 \times 10^{6}/523=95\,602$,依次类推,可以计算出每个音调所对应的分频比大小,然后通过按键把每个音调所对应的分频比大小送入数控分频器中,即能实现相对应的按键输出一个标准音调的功能。

　　其中,蜂鸣器的控制电路原理如图 2-57 所示。

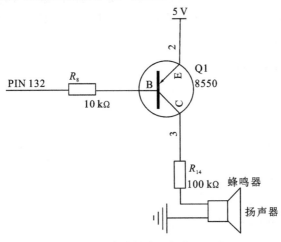

图 2-57　蜂鸣器控制电路原理图

由实验任务可知,只需要在按键被按下时改变蜂鸣器的鸣叫状态,但实际上在按键被按下的过程中存在按键抖动的干扰,这种干扰体现在数字电路中就是不断变化的高低电平。为避免在抖动过程中采集到错误的按键状态,需要根据按键数据进行消除抖动处理。因此,本系统应有两个模块,分别为按键消抖模块和蜂鸣器控制模块,如图 2-58 所示。

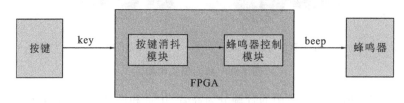

图 2-58　蜂鸣器思维导图

代码部分包括三个模块:顶层模块(top_key_beep),作用为完成对另外两个模块的实例化;按键消抖模块(key_debounce),主要起到延时采样作用,以防止按键抖动的干扰;蜂鸣器控制模块(beep),它通过对按键信号的识别,起到控制蜂鸣器的作用。

五、实验内容

设计思路如下:

(1)在此电路中,需要以 8 位按键控制信号、1 位复位信号以及 50 MHz 时钟信号作为输入信号,以蜂鸣器作为输出端口,如表 2-15 所示。

表 2-15　实验 I/O 端口介绍

信　号　名	I/O	位　　宽	说　　　　明
key	I	8	表示 8 个按键,按下为低电平 0,不按为高电平 1
rst_n	I	1	系统复位信号,低电平有效
buzzer	O	1	蜂鸣器
clk	I	1	系统时钟

(2)通过分频产生标准音符声音,通过被按下按键的键值输出对应频率的声音。此部分功能类同分频,只是计数器的计数范围根据下一模块给出。下面代码中,data 为分频比的一半。

```verilog
module beep(clk,key_pulse,buzzer);
    input clk;
    input [7:0] key_pulse;
    output buzzer;
    reg [15:0] counter;
    reg bz;
    reg [15:0] data;

    always @(posedge clk)
        begin
```

```
            if(counter<data)
                counter<=counter+1;
            else
            begin
                counter<=0;
                bz<=~bz;
            end
        end

    always @(key_pulse)
        begin
            case (key_pulse)
                8'b00000001:data<=47801;
                8'b00000010:data<=42589;
                8'b00000100:data<=37936;
                8'b00001000:data<=35765;
                8'b00010000:data<=31887;
                8'b00100000:data<=28409;
                8'b01000000:data<=25303;
                8'b10000000:data<=23877;
                default:data<=0;
            endcase
        end
            assign buzzer=bz;
    endmodule
```

（3）对被按下按键进行软件消抖，将消抖之后的按键控制信号又作为蜂鸣器控制模块的输入信号，对 8 个按键批量消抖的方法（对单个按键的延时消抖可参考项目实验 20）如下。

```
module key_debounce (clk,rst,key,key_pulse);
    parameter        N = 8;            //要消抖的按键的数量
    input            clk;
    input            rst;
    input[N-1:0]    key;               //输入的按键值
    output    [N-1:0]    key_pulse;    //按键动作产生的脉冲
    reg [N-1:0]    key_rst_pre;        //存储上一次触发时的按键值
    reg [N-1:0]    key_rst;            //存储当前时刻触发时的按键值
    wire [N-1:0]    key_edge;          //检测到按键由高电平到低电平变化时产生一
                                          个时钟周期的高电平
        always @(posedge clk or negedge rst)
            begin
                if (! rst) begin
                    key_rst <= {N{1'b0}};//初始化
                    key_rst_pre <= {N{1'b0}};
```

```
        end
        else begin
            key_rst <= key;
            key_rst_pre <= key_rst;
        end
    end
assign   key_edge = key_rst_pre & (~key_rst);  //脉冲边沿检测。当 key 检测
                                                //到下降沿时,key_edge 产生
                                                //一个时钟周期的高电平
    reg [15:0]  cnt;                            //定义 16 位计数器
//产生 20ms 延时,当检测到 key_edge 有效时计数器清 0,开始计数
    always @(posedge clk or negedge rst)
      begin
        if(! rst)
            cnt <= 0;
        else if(key_edge)
            cnt <= 0;
      end
    reg     [N-1:0]  key_sec_pre;               //延时后检测电平寄存器变量
    reg     [N-1:0]  key_sec;
//延时后检测 key,如果按键状态变为低电平产生一个时钟周期的高电平。如果按键状态
//是高电平,说明按键无效
    always @(posedge clk or negedge rst)
        begin
            if (! rst)
                key_sec <= {N{1'b0}};
            else if (cnt==50)      //为了仿真方便观察,此处设置为 50,实际为 16'
                                    //b1111_1111_1111_1111
                key_sec <= key;
        end
    always @(posedge clk or negedge rst)
        begin
            if (! rst)
                key_sec_pre <= {N{1'b0}};
            else
                key_sec_pre <= key_sec;
        end
    assign   key_pulse = key_sec_pre & (~key_sec);
endmodule
```

(4)根据按下的不同按键,不同的计数器的值送给 data。

```
module top_key_beep(clk,rst,key,buzzer);
    input clk;
    input rst;
```

```
        input [7:0] key;
        output buzzer;
        wire [7:0] key_pulse;
        key_debounce inst(
            .clk(clk),
            .rst(rst),
            .key(key),
            .key_pulse(key_pulse));

        beep inst(
            .clk(clk),
            .key_pulse(key_pulse),
            .buzzer(buzzer));

    endmodule
```

设计流程如下：

(1) 新建一个名为"top_key_beep"的工程文件,同时新建三个设计文本,并分别取名为"top_key_beep""key_debounce""beep"。

(2)输入代码,进行编译、综合。

(3)对工程顶层文件 top_key_beep 进行编译、综合,直接生成对应的 RTL 电路。对于 RTL 电路中的某一器件,可以右键单击 go to source 查看与之匹配的代码。RTL 电路如图 2-59 所示。

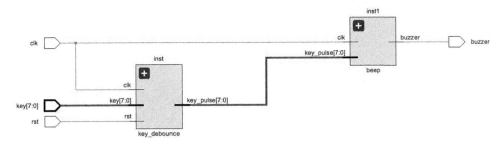

图 2-59　简易电子琴顶层模块 RTL 电路图

对工程底层文件 beep 进行编译、综合,直接生成对应的 RTL 电路,如图 2-60 所示。

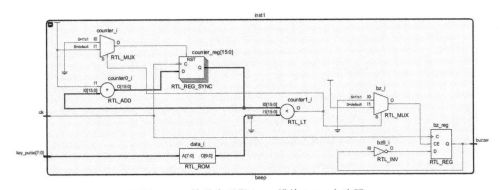

图 2-60　简易电子琴 beep 模块 RTL 电路图

六、下载实验

下载代码,验证简易电子琴功能设计是否成功。

项目实验 24　　音乐播放器电路设计

一、实验前的准备

(1)安装好 Vivado 或 Quartus Ⅱ 等 FPGA 开发软件,检查开发板、下载线、电源线是否齐全。

(2)熟悉音乐播放器的工作原理,查看开发板电路原理图。

二、实验目的

(1)了解蜂鸣器的简单工作原理及控制方法。

(2)熟练掌握数控分频器、音乐播放器的 Verilog HDL 设计方法。

(3)进一步掌握层次化设计方法。

三、实验任务

使用 Verilog HDL 语言设计实现音乐播放器功能,应用开发板上的独立按键作为音乐播放器的开关,按下时蜂鸣器播放音乐。将代码下载到开发板进行测试。

四、实验原理

由实验任务可知,开关被按下后,蜂鸣器播放音乐。本实验以《成都》为例,播放《成都》的第一句音调。

根据前面学习的知识,蜂鸣器播放不同的音调,需要根据音调的不同分出不同的频率,并且需要很好地控制每个音调跳变的频率。在下文提供的参考代码中,分频模块用于分出控制音调跳变的频率;PWM 模块根据两个输入信号(cycle、duty)控制产生周期可控、占空比可控的脉冲信号(music_beep_pwm_out),以驱动无源蜂鸣器电路。音调的状态转移由顶层模块 music_beep 程序代码实现。

五、实验内容

设计流程如下：

(1)新建一个名为"music_beep"的工程文件,同时新建三个设计文本,并分别取名为"music_beep""pwm""div"。

在此电路中,需要以 1 位的复位信号以及 50 MHz 时钟信号作为输入信号,以蜂鸣器作为输出端口,如表 2-16 所示。

表 2-16 实验 I/O 端口介绍

信 号 名	I/O	位 宽	说 明
key	I	1	表示 1 个按键,按下为低电平 0,不按为高电平 1
rst	I	1	系统复位信号,低电平有效
music_beep_pwm_out	O	1	蜂鸣器
clk	I	1	系统时钟

本次设计分为顶层模块、分频模块、PWM 模块三个模块。

顶层模块用于实例化分频模块、PWM 模块,以及进行音符跳动的状态转移。

(2)分频模块的程序代码如下。分频出的信号用作状态转移的敏感信号。

```
module div(
    input clk，
    input rst，
    output reg clk_div)；
    parameter N＝4000000；
    reg [23:0] cnt；
always@(posedge clk   or   negedge rst)
    begin
        if (! rst) clk_div<＝1'b0；
        else if(cnt＜(N>>1)) clk_div<＝1'b0；
        else clk_div<＝1'b1；
    end
always@(posedge clk or   negedge rst)
    begin
        if (! rst) cnt<＝0；
        else if (cnt＝＝(N-1)) cnt<＝1'b0；
        else cnt<＝cnt+1'b1；
    end
endmodule
```

(3)通过调用 PWM 模块实现分频,通过调用分频模块实现 clk1hz 的产生,用以控制状态转移,实现音符跳动。

```
module music_beep
```

```verilog
(
    input clk,
    input rst,
    input key,
    output music_beep_pwm_out
);
wire clk1hz;
reg [16:0] vout;
//实例化 PWM 模块
PWM u1
(
. clk (clk),
. rst_n (rst),
. cycle (vout),
. duty (vout>>1),
. pwm_out (music_beep_pwm_out)
);
//实例化分频模块
div u2
(
. clk(clk),
. rst(rst),
. clk_div(clk1hz)
);
reg [5:0] current_state,next_state;
localparam S0=0,S1=1,S2=2,S3=3,S4=4,S5=5,S6=6,S7=7,
        S8=8,S9=9,S10=10,S11=11,S12=12,S13=13,S14=14,S15=15,
        S16=16,S17=17,S18=18,S19=19,S20=20,S21=21,S22=22,S23=23,
        S24=24,S25=25,S26=26,S27=27,S28=28,S29=29,S30=30,S31=31,S32
            =32;
localparam one=11483 ,two=10221 ,three=9101 ,four=8590,
        five=7683 ,six=6818 ,seven=6074 ,
        fived=30612,sixd=27272;
always @ (posedge clk1hz or negedge rst)          //异步复位
    if(! rst)
        current_state <= S0;
    else if(key)
        current_state <= next_state;              //注意,使用的是非阻塞赋值
    else current_state<=S32;
//第二个进程,组合逻辑 always 模块,描述状态转移条件判断
always @ (current_state)                      //电平触发
begin
    //next_state = S0;                              //要初始化,使得系统复位后能进入正
```

确的状态

```
        case(current_state)
            S0：next_state = S1；                    //阻塞赋值
            S1：next_state = S2；
            S2：next_state = S3；
            ……
            S30：next_state = S31；
            S31：next_state = S32；
            S32：next_state = S0；
            default：next_state = S0；
        endcase
    end
/＊以《成都》简谱第一句为例＊/
always @（posedge clk1hz or negedge rst）
    begin
        if(！ rst) vout <= 55401；
        else case(next_state)
            S0：vout = fived；//5.
            S1：vout = one；//1
            S2：vout = two；//2
            S3：vout = two；//2
            S4：vout = three；//3
            S5：vout = five；//5
            S6：vout = three；//3
            S7：vout = five；//5
            S8：vout = one；//1
            S9：vout = one；//1
            S10：vout = two；//2
            S11：vout = one；//1
            S12：vout = sixd；//6.
            S13：vout = fived；//5.
            S14：vout = fived；//5.
            S15：vout = one；//1
            S16：vout = two；//2
            S17：vout = two；//2
            S18：vout = three；//3
            S19：vout = sixd；//6.
            S20：vout = three；//3
            S21：vout = fived；//5.
            S22：vout = fived；//5.
            S23：vout = three；//3
            S24：vout = two；//2
            S28：vout = one；//1
```

```
S29：vout = two;//2
S30：vout = three;//3
S31：vout = three;//3
S32：vout = 0;//1Hz
default：vout=0；
endcase
end
endmodule
```

PWM 模块通过计数器来控制占空比；PWM 模块控制蜂鸣器的频率，再通过状态跳转来播放音乐。

```
module PWM (
input clk,
input rst_n,
input [31:0]cycle,//cycle > duty
input [31-1:0]duty,//duty < cycle
output reg pwm_out
);
reg [31-1:0] cnt;
always @(posedge clk or negedge rst_n)
  begin
    if(! rst_n)
      cnt <= 1'b1;
    else
      if(cnt >= cycle)
        cnt <= 1'b1;
      else
        cnt <= cnt + 1'b1;
  end
always @(posedge clk or negedge rst_n)
  begin
    if(! rst_n)
      pwm_out <= 1'b1;
    else if(cnt <= duty)
      pwm_out <= 1'b1;
    else
      pwm_out <= 1'b0;
  end
endmodule
```

（4）对工程顶层文件 music_beep 进行编译、综合，直接生成对应的 RTL 电路，如图 2-61 所示。

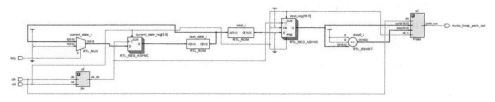

图 2-61　音乐播放器顶层模块 RTL 电路图

六、下载实验

下载代码,因仿真效果不明显,在此省略仿真步骤,直接下载验证音乐播放器功能设计是否成功。

项目实验 25　　CRC 编码器的实现

一、实验前的准备

(1)安装好 Vivado 或 Quartus Ⅱ 等 FPGA 开发软件,检查开发板、下载线、电源线是否齐全。

(2)熟悉 CRC 编码原理。

二、实验目的

(1)熟悉利用 Vivado 开发数字电路的基本流程和 Vivado 软件的相关操作。

(2)掌握基本的设计思路及软件环境参数配置、仿真、管脚约束、利用 JTAG 进行下载等基本操作。

(3)了解 Verilog HDL 语言设计或原理图设计方法。

(4)通过本知识点的学习,了解通信编码解码的方法。

三、实验任务

使用 Verilog HDL 语言设计实现 CRC 编码器,用软件进行仿真,观察仿真波形,验证结果是否正确。

四、实验原理

CRC 校验的基本思想是:利用线性编码理论,在发送端根据要发送的 k 位二进制码序列,以一定的规则产生一个校验用的 r 位监督码(即 CRC 码),并附在信息码后面,构成一个新的共 $k+r$ 位的二进制码序列,最后发送出去。在接收端,根据信息码和 CRC 码之间所遵行的规则进行校验,以确定传输过程中是否出错,并纠错。一般而言,监督码的位宽 r 越大,纠错能力就越强。例如,CRC-32 的纠错能力比 CRC-16 要强。CRC 校验获得监督码的方式是,将 k 位信息码转换成多项式,然后除以一个生成多项式,获得的余数即为监督码。

在求解一个 k 位二进制信息码的 CRC 码之前,首先需要将二进制信息码转换成多项式。一个二进制数序列的各个位是它对应多项式的系数。例如,二进制数序列 1101 对应的多项式为:$M(X)=X^3+X^2+X^0$。

通过这种转换方式获得的多项式称为信息多项式。在进行 CRC 码计算时,除了信息多项式之外,还需要有一个生成多项式 $G(X)$。生成多项式 $G(X)$ 要求次数大于 0,并且要求 0 次幂的系数为 1。根据以上约束,以及对纠错能力的要求,人们提出了一些通用的 CRC 码生成多项式,例如 CRC-16 和 CRC-32 等。

CRC-16 的生成多项式为:

$$G(X)=X^{16}+X^{12}+X^5+1$$

CRC-32 的生成多项式为:

$$G(X)=X^{32}+X^{26}+X^{23}+X^{22}+X^{16}+X^{12}+X^{11}+X^{10}+X^8+X^7+X^5+X^4+X^2+X^1+1$$

CRC 码等于信息多项式 $M(X)$ 乘以 2^n,再除以生成多项式 $G(X)$ 所得的余数,除法采用模 2 除法。其中,n 表示的是生成多项式 $G(X)$ 的最高次幂,CRC-16 中 n 为 16,CRC-32 中 n 为 32。表 2-17 给出几种标准的 CRC 码生成多项式。

表 2-17　CRC 码生成多项式

CRC 码	生成多项式 $G(X)$
CRC-4	X^4+X+1
CRC-5	$X^5+X^4+X^2+1$
CRC-8	$X^8+X^5+X^4+1$
CRC-9	$X^9+X^6+X^5+X^4+X^3+1$
CRC-12	$X^{12}+X^{11}+X^3+X^2+X+1$
CRC-16	$X^{16}+X^{15}+X^2+1$
CRC-32	$X^{32}+X^{26}+X^{23}+X^{22}+X^{16}+X^{12}+X^{11}+X^{10}+X^8+X^7+X^5+X^4+X^2+X^1+1$

五、实验内容

设计思路如下:

(1)在此电路中,需要以系统时钟信号、1 位的复位信号、8 位的数据以及 1 位的使能信号作为输入信号,以 16 位的 CRC 码作为输出信号,如表 2-18 所示。

表 2-18　实验 I/O 端口介绍

信 号 名	I/O	位 宽	说 明
clk	I	1	系统工作时钟频率为 50 MHz
rst_n	I	1	系统复位信号,低电平有效
data	I	8	表示输入的 8 位数据
data_valid	I	1	表示使能信号,高电平有效
crc	O	16	表示输出的 CRC 码

(2)定义一个 24 位的寄存器,用于存储数据;定义一个 17 位的常量 polynomial,对应

CRC 码 CRC-16。

```verilog
module crc_coder(
    input clk,
    input rst_n,
    input [7:0] data,
    input data_valid,
    output reg [15:0] crc);
    reg [23:0] temp=0;
    parameter polynomial=17'b1_0001_0000_0010_0001;
    reg [23:0 ] temp=0;
    parameter polynomial=17'b1_0001_0000_0010_0001;
```

（3）复位时，初始化输出，并将初始数据放入寄存器。

```verilog
always @ (posedge clk or negedge rst_n)
begin
if(! rst_n)
    begin
        crc<=0;
        temp<={data,16'b0};//复位时，将初始数据放入寄存器
    end
```

（4）当使能信号 data_valid 为高电平时，将寄存器中存入的数据从高位到低位逐位和常量 polynomial 进行异或运算。

```verilog
if(data_valid)
    begin
            if(temp[23]) temp[23:7]<=temp[23:7]^polynomial;
        else if(temp[22]) temp[22:6]<=temp[22:6]^polynomial;
        else if(temp[21]) temp[21:5]<=temp[21:5]^polynomial;
        else if(temp[20]) temp[20:4]<=temp[20:4]^polynomial;
        else if(temp[19]) temp[19:3]<=temp[19:3]^polynomial;
        else if(temp[18]) temp[18:2]<=temp[18:2]^polynomial;
        else if(temp[17]) temp[17:1]<=temp[17:1]^polynomial;
        else if(temp[16]) temp[16:0]<=temp[16:0]^polynomial;
        else   crc<=temp[15:0];
    end
```

（5）编写仿真测试代码，定义激励信号（注意信号的位宽）。

```verilog
module crc_coder_tb;
reg clk;
reg rst_n;
```

```
        reg [7:0] data;
        reg data_valid;
        wire [15:0] crc;
```

实例化被测模块。

```
        crc_coder inst(
            .clk(clk),
            .rst_n(rst_n),
            .data(data),
            .data_valid(data_valid),
            .crc(crc)
        );
```

初始化激励信号的值,编写测试文件。

```
        initial
          begin
            clk=0;
            rst_n=0;
            data=8'b10110110;data_valid=1;//复位时,将初始数据放入寄存器
            #100 rst_n=1;
            #500 rst_n=0;
            data =8'b01001100; data_valid=1;
            #300 rst_n =1;
            #500 rst_n =0;
            data =8'b10110011;data_valid=1;
            #300 rst_n =1;
            #500 rst_n =0;
            data =8'b01001001; data_valid=1;
            #300 rst_n =1;
            #500 rst_n =0;
            data =8'b10101010;data_valid=1;
            #300 rst_n =1;
          end
          always #10 clk=~clk;
        endmodule
```

(6)对工程文件进行编译、综合,直接生成对应的 RTL 电路。对于 RTL 电路中的某一器件,可以右键单击 go to source 查看与之匹配的代码。

(7)对电路进行仿真。可以选择用 ModelSim 进行仿真,也可以选择用 Vivado 自带的仿真器进行仿真。仿真波形如图 2-62 所示。通过观察发现,仿真结果与理论结果匹配,仿真正确。

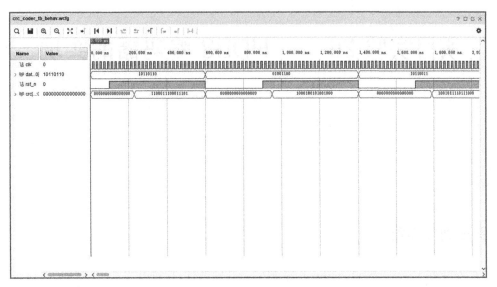

图 2-62　CRC 编码器仿真波形图

从仿真波形结果中可以看出,在复位信号 rst_n 为"1"时,输出信号为输入数据(data)的 CRC 码。

项目实验 26　　HDB3 编码器的实现

一、实验前的准备

（1）安装好 Vivado 或 Quartus Ⅱ 等 FPGA 开发软件，检查开发板、下载线、电源线是否齐全。

（2）熟悉 HDB3 编码原理。

二、实验目的

（1）熟悉利用 Vivado 开发数字电路的基本流程和 Vivado 软件的相关操作。

（2）掌握基本的设计思路及软件环境参数配置、仿真、管脚约束、利用 JTAG 进行下载等基本操作。

（3）了解 Verilog HDL 语言设计或原理图设计方法。

（4）通过本知识点的学习，了解通信编码解码的方法。

三、实验任务

使用 Verilog HDL 语言设计实现 HDB3 编码器，用软件进行仿真，观察仿真波形，验证结果是否正确。

四、实验原理

HDB3 码（high density bipolar of order 3 code），为三阶高密度双极性码，是 AMI 码的一种改进，目的是克服 AMI 码的缺点，使连"0"的个数不超过 3 个。其编码规则如下：

（1）检查连"0"的个数，若少于或等于 3 个，则与 AMI 码相同。

（2）当连"0"的个数多于 3 个时，将每 4 个连"0"化作一个小节，用"000V"代替，其中 V 取值+1 或−1，V 的极性与前一个相邻的非"0"脉冲极性相同（这破坏了极性交替规则，故称 V 为破坏脉冲）。

（3）相邻的 V 极性必须交替，当 V 满足（2）但不满足（3）时，将"000V"更改为"B00V"，B

的极性与后面的 V 一致,B 称为调节脉冲。两个相邻 V 之间的"1"的个数为偶数时,V 的极性不符合极性交替规则,需要替换为"B00V";为奇数时,V 的极性符合极性交替规则,不需要替换。

(4)V 后面的传号码极性也要交替。

消息码:1 0 0 1 1 0 0 0 0 1 0 1 1 0 1 0 0 0 0 1 1 1 1 0。

AMI 码:+1 0 0 −1 +1 0 0 0 0 −1 0 +1 −1 0 +1 0 0 0 0 −1 +1 −1 +1 0。

加 V:+1 0 0 −1 +1 0 0 0+V −1 0 +1 −1 0 +1 0 0 0+V −1 +1 −1 +1 0。

可以看到,两个相邻 V 之间的非 0 个数为偶数,造成两 V 的极性相同,不符合(3),所以加 B。

加 B:+1 0 0 −1 +1 0 0 0 +V −1 0 +1 −1 0 +1 −B 0 0 −V −1 +1 −1 +1 0。

若对 0、1、B、V 用两位二进制数表示(00,01,10,11),则在不考虑极性的情况下,加 B 后应该输出 01 00 00 01 00 00 00 11 01 00 01 01 00 01 10 00 00 11 01 01 01 01 00。

由此,使用 Verilog 语言进行编写 HDB3 码的编码程序。

五、实验内容

设计思路如下:

(1)本实验所需 I/O 端口如表 2-19 所示。

表 2-19　实验 I/O 端口介绍

信　号　名	I/O	位　　宽	说　　明
clk	I	1	时钟信号
rst	I	1	系统复位信号,低电平有效
data	I	1	输入的待编码值
plug_v_code	O	2	编码后的数值

(2)先不考虑极性(+或−),只考虑输出是 0、1、B 还是 V,对以下 4 个数进行编码:0——00,1——01,B——10,V—11。

(3)加 V 操作,判断输入的字符是"1"还是"0",若为 4 个连"0",前三个输出"00",第四个输出"11"。

```
module hdb3_plug_v(clk,rst,data,plug_v_code);
    input clk;
    input rst;
    input data;
    output [1:0] plug_v_code;
    wire [1:0] plug_v_code;
    reg [3:0] plug_v_code_h;
    reg [3:0] plug_v_code_l;
    reg [2:0] data_shift;
    assign plug_v_code={plug_v_code_h[3],plug_v_code_l[3]};
```

```
        always@(posedge clk or negedge rst)            //对输入的基带信号进行移位
            begin
                if(rst==0)
                    data_shift<=3'b111;
                else
                    data_shift<={data_shift[1:0],data};
            end

        always@(posedge clk or negedge rst)
            begin
                if(rst==0)
                    begin
                        plug_v_code_h<=4'b0000;
                        plug_v_code_l<=4'b0000;
                    end
                else
        if(data==1'b0&&data_shift==3'b000&&plug_v_code_h[2:0]==3'b000)
                    begin
                        plug_v_code_h<={plug_v_code_h[2:0],1'b1};
                        plug_v_code_l<={plug_v_code_l[2:0],1'b0};
                    end
                else if(data==1'b1)
                    begin
                        plug_v_code_h<={plug_v_code_h[2:0],1'b0};
                        plug_v_code_l<={plug_v_code_l[2:0],1'b1};
                    end
                else
                    begin
                        plug_v_code_h<={plug_v_code_h[2:0],1'b0};
                        plug_v_code_l<={plug_v_code_l[2:0],1'b0};
                    end
            end
    endmodule
```

设计流程如下：

（1）根据 HDB3 编码器的原理，新建一个名为"hdb3_plug_v"的工程文件，同时新建一个设计文本，并取名为"hdb3_plug_v"。

（2）输入代码，进行编译、综合。

（3）编写仿真测试代码，定义激励信号（注意信号的位宽）。

```
'timescale 1ns / 1ns
module hdb3_plug_v_tb;
    reg clk;
    reg rst;
    reg data;
```

```
        wire [1:0] plug_v_code;
```

实例化被测模块。

```
        hdb3_plug_v inst(;
            .clk(clk),
            .rst(rst),
            .data(data),
            .plug_v_code(plug_v_code)
        );
```

初始化激励信号的值。延时 10 个时钟单位后,rst 置 1;延时 10 个时钟单位后,data 为 1,之后循环执行"延时 5 个时钟单位后 data 为 0,再延时 10 个时钟单位后 data 为 1"。

```
        initial
          begin
                rst=0;
                clk=0;
                data=0;
                #10 data=1;
                #10 rst=1;
                forever
                  begin
                    #1    clk=~clk;
                    #5    data=0;
                    #10    data=1;
                  end
            end
        endmodule
```

(4)对工程文件进行编译、综合,直接生成对应的 RTL 电路,如图 2-63 所示。

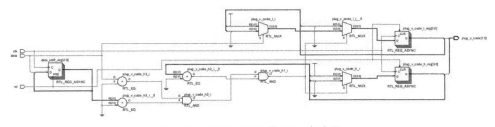

图 2-63　HDB3 编码器 RTL 电路图

(5)对电路进行仿真。仿真结果如图 2-64 所示。通过观察发现,仿真结果与理论结果匹配,仿真正确。

从图 2-64 中可以看出,data 输入数据的规律是一个 1 加连续的五个 0 循环出现,输出数据为 plug_v_code,在 11 ns 时刻采集到 data 为 1,在 17 ns 时即 6 ns 之后输出,在 13 ns 时刻采集到第一个 0,在 19 ns 输出,在 19 ns 时刻采样到 4 个 0,在 25 ns 时刻转换为 V(10) 输出,说明 hdb3_plug_v 模块实现了将连续 4 个 0 中的第 4 个 0 转换为 V 的逻辑功能。

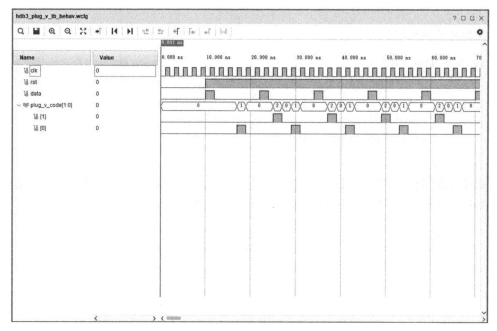

图 2-64　HDB3 编码器仿真波形图

六、思考与练习

如何使 HDB3 编码器实现插 B 功能？

项目实验 27　　偶数倍分频器 IP 核设计

一、实验前的准备

(1)安装好 Vivado 或 Quartus Ⅱ 等 FPGA 开发软件,检查开发板、下载线、电源线是否齐全。

(2)熟悉 IP 核设计。

二、实验目的

(1)熟悉利用 Vivado 开发数字电路的基本流程和 Vivado 软件的相关操作。

(2)学习 IP 核的定制和调用流程。

(3)通过本知识点的学习,理解 IP 核设计方法。

三、实验任务

将用 Verilog HDL 描述的电路,封装成 IP 核,设置自定义 IP 核的库名和目录,启动封装工具定制 IP 核,添加进 Vivado 的 IP 核库目录中。然后调用自定义的 IP 核,修改 R 参数值,完成将基准时钟信号分频、输出分频比分别为 10 和 20 的 2 个信号。

四、实验原理

使用 Verilog HDL 编写偶数倍分频器的 RTL 代码,然后经过综合和波形仿真,验证其是否能实现预定功能。如果正确,再将用 Verilog HDL 描述的电路封装成为 IP 核。在此基础上设置自定义 IP 核的库名和目录,启动封装工具定制 IP 核,将自己设计的 IP 核添加进 Vivado 的用户自定义 IP 核库目录中。在方框图设计中调用自定义的 IP 核,实现将一个基准时钟信号 CLK 分频、输出 2 个不同频率的信号,其中分频比分别为 10 和 20。设计思路是调用生成的 IP 核,通过修改 R 参数值,即可实现相应分频比的信号输出。

为了方便重复调用、使用某一设计电路模块,常采用 Vivado 提供的 IP 核封装工具,按照 IP 核定制流程,将用 Verilog HDL 描述的电路,封装成 IP 核,然后添加进 Vivado 的 IP

核库目录中。Xilinx 公司的 Vivado 2019.2 软件开发平台为用户提供有 HDL 输入法、IP 核与方框图输入法两种进行项目开发的工具,并提供有将 HDL 输入法编写的 FPGA 程序转换为 IP 核的工具。借助在方框图输入平台调用 IP 核,可快速利用已有的知识产权核设计出更复杂的应用项目。

五、实验内容

1. 产生 HDL 代码的工程的创建

(1)创建工程,并取名为"exer5_fenpin"。

(2)元件选取:选取 Xilinx 公司的 ARTIX-7 XC7A35T-2FGG484 芯片。

2. 创建 HDL 代码文件

创建源文件,并取名为"exer5_fenpin",编写源文件。

```verilog
'timescale 1ns / 1ps
module  exer5_fenpin(CLK_IN,CLK_OUT);
    input    CLK_IN;              //输入时钟信号
    output   CLK_OUT;            //分频输出信号
    reg      A = 0;              //中间变量 A 初值为 0,仿真时很重要
    reg   [31:0] counter = 0;
    parameter R = 1;             //定义参数 R,此值为分频比的一半,>=1
    always @(posedge CLK_IN)     // 输入时钟上升沿
    begin
        if(counter==R-1)
        begin
            counter<=0;
            A<=~ A;
        end
        else   counter<=counter+1;
    end
    assign  CLK_OUT = A;         //将中间结果向端口输出
endmodule
```

进行编译、综合,生成设计电路。

3. 创建仿真文件

(1)将仿真源文件取名为"tb_exer5_fenpin"。

(2)编写仿真源文件。

```verilog
'timescale 1ns / 1ps
module tb_exer5_fenpin(  );
    reg    CLK_IN=0;
    wire   CLK_OUT;
```

```
            parameter R = 1;
            exer5_fenpin tbfenpin(CLK_IN,CLK_OUT);
            always ♯50 CLK_IN=~CLK_IN;
        endmodule
```

(3)进行仿真,生成仿真波形,检查仿真是否能达到预定要求。

4.转换 HDL 代码,形成自定义 IP 核

(1)在 Vivado 左侧的"Flow Navigator"项目设计流程管理窗口,单击"PROJECT MANAGER"→"Settings",弹出工程属性设置对话框。在"Settings"对话框左侧的"Project Settings"列表中展开"IP"选项,单击"Packager",进入 IP 核封装工具设置界面。按图 2-65 设置自定义 IP 核的作者、库名和目录。其余选项保持默认,然后单击"OK"按钮。

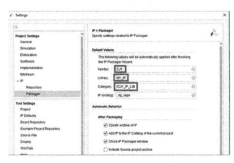

图 2-65　exer5_fenpin **封装设计**

(2)启动封装工具定制 IP 核。在 Vivado 的主菜单下,执行"Tools"→"Create and Package New IP"。在弹出的"Create and Package New IP"对话框中,进行相关选项的设置。在弹出的对话框中,单击"Customization Parameter",其中 R 参数的设置如图 2-66 所示。记住,此时的 IP 核所放的位置为 d:/cjy/cjy2021/exer5_fenpinqi/exer5_fenpinqi.srcs。

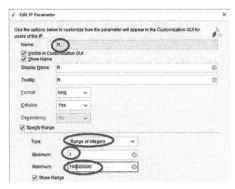

图 2-66　R **参数的设置**

5.调用自定义 IP 核

(1)设计任务。

完成对一个基准时钟信号 CLK 分频、输出 2 个不同频率的信号,其中分频比分别为 10 和 20,设计思路是调用生成的 IP 核,通过修改 R 参数值,即可实现相应分频比的信号输出。

（2）实现过程。

①新建工程。打开 Vivado 软件，新建一个名为"exer5_fenpin_call"的工程，在器件型号选择界面选中为"xc7a35tfgg484-2"的 FPGA，完成工程建立。该工程最好放在 exer5_fenpin 目录下，这样便于查找。

②设置调用自定义 IP 核路径。在 Vivado 左侧的"Flow Navigator"项目设计流程管理窗口，单击 PROJECT MANAGER/Settings。单击"Project Settings"→"IP"→"Repository"，进入 IP 核资源库添加对话框，通过添加 IP 核所在目录（一个路径），就能添加 IP 核目录到存储库列表中，也就是找到刚才 IP 核的存放路径 d:/cjy/cjy2021/exer5_fenpinqi/exer5_fenpinqi.srcs，如图 2-67 所示。

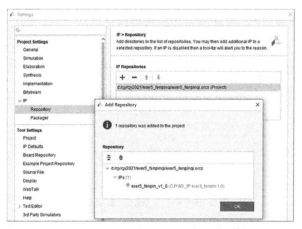

图 2-67　设置调用自定义 IP 核路径

③创建 Block 设计文件。此处采用图形设计方法，调用分频器 IP 核，完成设计任务。选择"IP INTEGRATOR"→"Create Block Design"选项，可采用默认文件名（design_1）创建图形设计文件。

④调用 2 个分频器 IP 核。在"Diagram"图形编辑窗口中单击工具栏中的打开 IP 核资源库管理器选项，将 IP 核添加到原理图设计文件中。按图 2-68 调用分频器 IP 核。双击调出的"exer5_fenpin_v1_0"IP 核元件符号，进行参数设置。10 倍分频模块的参数 R 为 5，20 倍分频模块的参数 R 为 10。

图 2-68　调用分频器 IP 核

⑤绘制原理图。根据设计任务框图，采用原理图绘制导线、添加端口和更改端口名的方法，完成原理图绘制，如图 2-69 所示。其中，CLK 是基准时钟信号输入端口；CLK_10 是 10

倍分频信号输出端口；CLK_20 是 20 倍分频信号输出端口；选中模块名，右键选中 Block Properties，将 2 个分频器 IP 核的元件名依次更改为"fenpin_10"和"fenpin_20"，保存文件并做有效性检测。

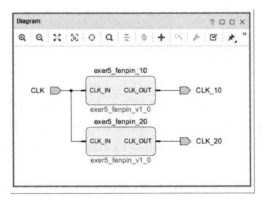

图 2-69　绘制好的原理图

⑥生成设计输出文件。执行"Generate Block Design"命令，在弹出的"Generate Output Products"对话框中，单击"Generate"，在弹出的生成结果信息提示框中，单击"OK"按钮。

⑦生成"design_1_wrapper.v"顶层文件。执行"Create HDL Wrapper"命令，在弹出的"Create HDL Wrapper"对话框中，选择"Let Vivado manage wrapper and auto-update"，保持默认设置，单击"OK"按钮。

此时，在工程设计源文件目录中，单击如图 2-70 所示的页面中的两个指定的选项，便可生成"design_1_wrapper.v"。

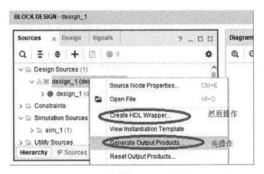

图 2-70　生成 .v 文件操作

生成 design_1_wrapper.v 如下所示。

```
'timescale 1ps / 1ps
module design_1_wrapper
    (CLK,
    CLK_10,
    CLK_20);
  input CLK;
  output CLK_10;
  output CLK_20;
```

```
wire CLK；
wire CLK_10；
wire CLK_20；
design_1 design_1_inst
  (.CLK(CLK)，
  .CLK_10(CLK_10)，
  .CLK_20(CLK_20))；
endmodule
```

⑧设计综合。单击 Vivado 左侧的"Flow Navigator"→"SYNTHESIS"→"Run Synthesis",或工具栏中的"Flow"→"Run Synthesis",进行编译、综合。编译、综合完成后,单击"RTL ANALYSIS"→"Open Elaborated Design"→"Schematic",打开"Schematic"网表结构图。

⑨仿真测试。编写 Testbench 激励代码,对刚刚生成的"design_1_wrapper.v"进行测试。design_1_wrapper.v 仿真测试代码如下。

```
'timescale 1ns / 1ps
module tb_design_1_wrapper ( )；
    reg CLK＝0；
    wire CLK_OUT_10；
    wire CLK_OUT_20；
    design_1_wrapper inst(CLK,CLK_OUT_10,CLK_OUT_20)；
    always #50 CLK =~ CLK；
endmodule
```

保存仿真测试文件,单击"Flow Navigator"项目设计流程管理窗口的"SIMULATION"→"Run Simulation"→"Run Behavioral Simultaion",启动行为仿真,观察仿真结果。

从仿真波形中可以看出,分别输出了 10 分频和 20 分频的 2 个不同频率的信号,说明 IP 核设计正确,能被正确调用,实现了相应功能。

六、实验结果

(1)exer5_fenpin 所生成的电路如图 2-71 所示。

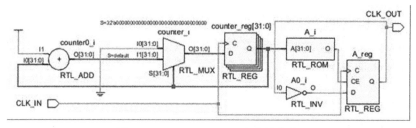

图 2-71　exer5_fenpin 所生成的电路

(2)exer5_fenpin 所生成的仿真波形如图 2-72 所示。

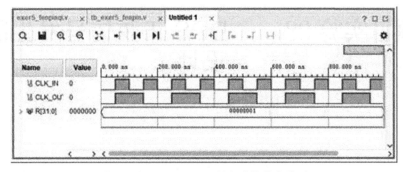

图 2-72   exer5_fenpin 所生成的仿真波形

项目实验 28　　DDS 正弦信号发生器设计

一、实验前的准备

(1)安装好 Vivado 或 Quartus Ⅱ 等 FPGA 开发软件,检查开发板、下载线、电源线是否齐全。

(2)熟悉 DDS 正弦信号发生器的原理。

二、实验目的

(1)熟悉利用 Vivado 开发数字电路的基本流程和 Vivado 软件的相关操作。

(2)熟悉二进制计数器 IP 核、ROM 存储器 IP 核的设计方法。

(3)熟悉二进制计数器 IP 核、ROM 存储器 IP 核的应用技巧。

三、实验任务

在 Xilinx 公司的 Vivado 2019.2 软件开发平台上,进行 DDS 正弦信号发生器设计实验,然后进行仿真程序的编写,检查设计是否能达到预定要求。

四、实验原理与内容

DDS 正弦信号发生器的基本结构主要由相位累加器、波形存储器、数/模(D/A)转换器(DAC)、低通滤波器(LPF)构成。其中,相位累加器由 N 位加法器与 N 位累加寄存器级联构成。

DDS 正弦信号发生器的基本原理是:首先对需要产生的波形进行采样,将采样值数字化后存入 ROM 存储器作为查找表,然后通过二进制计数器产生存储器地址,将数据读出,经过 D/A 转换器转换成模拟量,最后经低通滤波器滤除高次谐波后输出,如图 2-73(a)所示。

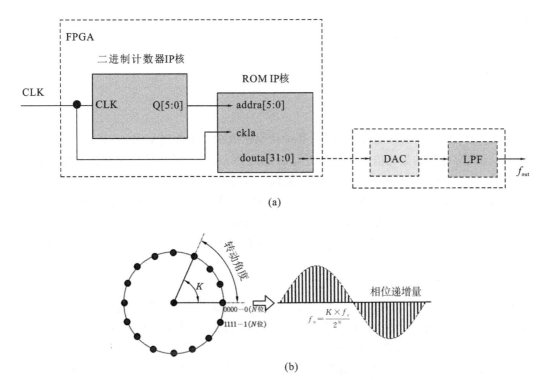

图 2-73　DDS 正弦信号发生器的基本原理

如图 2-73(b)所示,假设系统时钟频率为 f_c,输出频率为 f_o。每次转动一个角度 $360°/2^N$,则可以产生一个频率为 $f_c/2^N$ 的正弦波的相位递增量,即为 DDS 正弦信号发生器的频率分辨率。那么,只要选择恰当的频率控制字 K,使得 $f_o/f_c = K/2^N$,就可以得到所需要的输出频率 $f_o = f_c \cdot K/2^N$。

五、实验步骤

1. DDS 正弦信号发生器设计

(1)设计思路。

用计数器输出的数据作为波形存储器(ROM)的相位取样地址,这样就可把存储在波形存储器内的正弦波波形采样幅度数值经查找表查出,完成相位到幅值的转换。为此,整个项目的设计完全可以使用系统自带的二进制计数器 IP 核实现相位累加器功能(此处为简化功能,频率控制字 K 默认为1),使用 ROM 存储器 IP 核实现波形数据存储功能,DAC 部分电路可不用设计,直接采用 Vivado 的仿真功能,观看设计波形结果。

(2)COE 文件创建方法(ROM 初始化文件)。

①COE 文件简介。

在调用存储器类 IP 核进行配置时,往往需要对存储器进行初始化,以加载指定数据内容到存储器中。Vivado 中对 ROM 类存储器 IP 核进行初始化的文件格式是".coe"(coefficient)。文件的基本格式如下:

```
MEMORY_INITIALIZATION_RADIX = Value；
MEMORY_INITIALIZATION_VECTOR =
Data_Value1，
Data_Value2，
…
Data_Valuen ；
```

COE 文件是一种 ASCⅡ文本文件，其中，"MEMORY_INITIALIZATION_RADIX"是关键词，定义存储器初始化值的基数。等号后面的"Value"表示文件存储数据的进制，可以设置为 2（二进制）、10（十进制）或 16（十六进制），以分号结束。

"MEMORY_INITIALIZATION_VECTOR"是关键词，定义块存储器与分布式存储器的数据（数据向量），等号后面的"Data_Value1，…，Data_Valuen"就是数据向量，每个数据占一行，用逗号隔开，最后一个数字以分号结束。COE 文件前两行的开头格式是固定的，不能改变。

②COE 文件的创建方法。

COE 文件的创建方法是：在写字板、记事本等文本编辑器中按照上述格式编辑，保存时将后缀改为".coe"即可。例如，实验中需要构建正弦波的数据存储模块（此处以 64 点数据采样），需要将正弦波采样数据值编辑为 COE 文件，其方法是打开写字板，输入代码，保存为"sin64.coe"。其中，数据格式采用十进制，一共 64 个数据，最大数据为 255（8 位二进制）。

sin64.coe 文件内容如下：

```
MEMORY_INITIALIZATION_RADIX＝10；
MEMORY_INITIALIZATION_VECTOR＝
255，
254，
252，
249，
245，
239，
233，
225，
217，
207，
197，
186，
174，
162，
150，
137，
124，
112，
99，
87，
```

75,
64,
53,
43,
34,
26,
19,
13,
8,
4,
1,
0,
0,
1,
4,
8,
13,
19,
26,
34,
43,
53,
64,
75,
87,
99,
112,
124,
137,
150,
162,
174,
186,
197,
207,
217,
225,
233,
239,
245,
249,
252,
254,

255；

基于上述文件中的正弦波采样数据值，也可以通过运行程序波形数据生成器.exe产生sine.coe文件。

2.设计实现过程

DDS正弦信号发生器设计实现过程主要是完成两个底层模块和一个顶层模块设计文件，即存储正弦波采样数据的ROM存储器模块、计数器地址产生模块和DDS顶层模块设计文件。

IP核调用可以使用文本方式实例化，也可以采用Block原理图设计实现，在此以原理图设计方法详细介绍实现过程。

（1）新建工程。

新建一个名为"exer7_dds_sin"的工程，FPGA的型号为"xc7a35tfgg484-2"。

（2）创建Block设计文件。

执行"INTEGRATOR"→"Create Block Design"命令，创建名为"exer7_dds_sin"的图形设计文件。

（3）添加IP核。

①添加Binary Counter IP核。

从IP核资源库中调入Binary Counter元件，对计数器模块进行重命名。单击"Binary Counter"图标，选中元件，在左侧的参数修改对话框中输入"address"。双击该元件，在弹出的参数设置窗口中进行参数设置，取输出宽度为"6"，其他取默认值。因为ROM存储器数据深度为64位，对应地址位宽为6位，所以计数器的数据输出位宽此处设置为"6"，其他保持默认。Binary Counter元件参数设置如图2-74所示。

图2-74 Binary Counter 元件参数设置

②添加Block Memory Generator。

从IP核资源库中调入Block Memory Generator元件，将该ROM存储器模块重命名为"sin_rom"。双击该元件，在弹出的参数设置窗口中进行参数设置，在"Basic"选项卡中的"Mode"选项中选"Stand Alone"，在"Memory Type"选项中选"Single Port ROM"，如图2-75（a）所示。在"Port A Options"选项卡中，将"Port A Width"设置为"8"，在"Port A Depth"选项中设置存储器的深度为"64"（因为正弦波波形采样为64点），将"Enable Port Type"框设置为"Always Enabled"，在"Port A Optional Output Registers"选项中去掉"Primitives Output Register"前面复选框中的"√"，其他保持默认，如图2-75（b）所示。在"Other Options"选项卡的"Memory Initialization"选项中在"Load Init File"前面复选框中

打"√"，表示加载 ROM 初始化数据文件，通过单击"Browse"，找到之前定义好的 sine.coe 初始化文件，将其复制到当前"Sources"目录下，再将数据加载进 ROM 中，其他保持默认，如图 2-75(c)所示。

图 2-75　Block Memory Generator 元件参数设置

完成上述参数设置后，单击"OK"按钮，返回原理图设计文件界面，进行图形绘制。把鼠标移到 ROM 元件的端口"＋ BRAM_PORTA"（见图 2-76(a)）上，鼠标会变为如图 2-76(b)所示的向下箭头状，表示此端口是一个可以展开的端口，此时单击鼠标左键，会将此端口包含的所有端口展开，如图 2-76(c)所示。这样就可以进行图形绘制了。

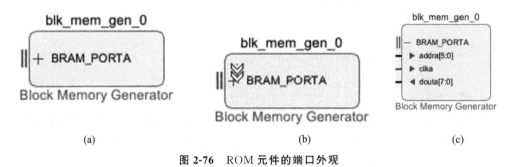

图 2-76　ROM 元件的端口外观

③绘制原理图。

根据 DDS 正弦信号发生器设计方案，进行原理图绘制，添加导线、端口和更改端口名，完成图 2-77 所示效果的原理图的绘制，保存文件，并做有效性检测。

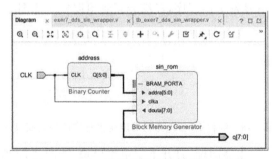

图 2-77　DDS 正弦信号发生器原理图绘制

④生成设计输出文件。右键单击"Sources"→"Design Sources"→"exer7_dds_sin.db"文件，弹出浮动菜单，执行"Generate Output Products"命令。执行"Create HDL Wrapper"命令，然后再在弹出的"Create HDL Wrapper"对话框中，选择"Let Vivado manage wrapper and auto-update"。此时，在工程设计源文件目录中，生成了"exer7_dds_sin_wrapper.v"。

```
`timescale 1ps / 1 ps
module exer7_dds_sin_wrapper
    (CLK，
     q)；
    input CLK；
    output [7:0] q；
    wire CLK；
    wire [7:0] q；
    exer7_dds_sin exer7_dds_sin_i
        (.CLK(CLK)，
         .q(q))；
    endmodule
```

⑤仿真测试。

DDS 正弦信号发生器仿真测试代码如下：

```
`timescale 1ns / 1ps
module tb_exer7_dds_sin_wrapper( )；
    reg    CLK＝0；
    wire [7:0] q；
    exer7_dds_sin_wrapper uu(CLK，q)；
    always #10 CLK＝～ CLK；
    endmodule
```

保存仿真测试文件，单击"Flow Navigator"项目设计流程管理窗口的"SIMULATION"
→"Run Simulation"→"Run Behavioral Simultaion"，启动行为仿真，观察仿真结果。

至此，完成了 DDS 正弦信号发生器设计。

六、实验结果与分析

(1)运行 DDS 正弦信号发生器程序，经综合得到电路模块如图 2-78 所示。

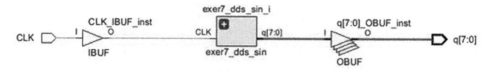

图 2-78　综合 DDS 正弦信号发生器程序所得电路模块

双击 DDS 正弦信号发生器图标，打开下层电路模块，如图 2-79 所示。

(2)运行 DDS 正弦信号发生器仿真程序，得到仿真波形如图 2-80 所示。

从仿真波形可以看出，随着计数器不断累加，能够把 ROM 中的存储数据有序地读取出来，证明设计是正确的。为了更加直观地看到正弦波效果，在 Vivado 中仿真器波形观察界面，允许对波形显示数据格式进行数字和模拟的切换。选中输出端"q[7:0]"，单击右键，弹出浮动菜单，如图 2-81 所示。

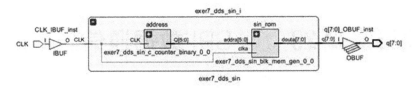

图 2-79　综合 DDS 信号发生器程序所得电路的下层电路模块

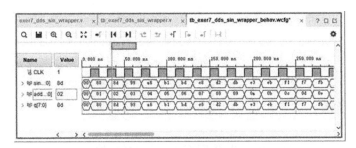

图 2-80　DDS 信号发生器仿真波形

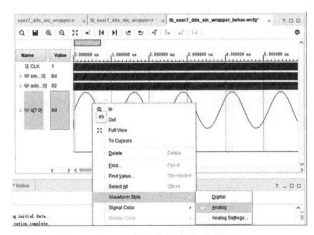

图 2-81　仿真波形的设置

　　选择"Waveform Style",展开"Digital""Analog"等选项,默认是"Digital"类型,这里选择"Analog",将数据以模拟信号的方式显示。此时,输出端波形发生了变化,出现了线条显示。再通过波形工具栏的缩放按钮,调节视图比例,一条光滑的正弦波波形产生,如图 2-81所示。

项目实验 29   SPI 数据通信

一、实验前的准备

(1)安装好 Vivado 或 Quartus II 等 FPGA 开发软件,检查开发板、下载线、电源线是否齐全。

(2)熟悉 SPI 通信协议。

二、实验目的

(1)熟悉利用 Vivado 开发数字电路的基本流程和 Vivado 软件的相关操作。

(2)了解时序图的读图方法。

(3)通过本知识点的学习,理解 SPI 通信协议。

三、实验任务

使用 Verilog HDL 语言设计实现 SPI 通信,用软件进行仿真,观察仿真波形,验证结果是否正确。

四、实验原理

SPI(serial peripheral interface,串行外围设备接口)是 Motorola 公司提出的一种同步串行接口技术,是一种高速、全双工、同步通信总线,在芯片中只占用四根管脚,用于控制及数据传输。SPI 通信的速度很容易达到好几兆比特每秒,所以可以用 SPI 总线传输一些未压缩的音频以及压缩的视频。图 2-82 所示是 SPI 总线通信结构图。

由图 2-82 可知,SPI 总线传输只需要 4 根线就能完成,这 4 根线的作用分别如下:

(1)SCK(serial clock):串行时钟线,SPI 主机通过此根线向 SPI 从机传输时钟信号,控制数据交换的时机和速率。

(2)MOSI(master out slave in):在 SPI 主机上也被称为 Tx-channel,SPI 主机通过此根线给 SPI 从机发送数据。

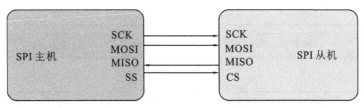

图 2-82　SPI 总线通信结构图

（3）CS/SS(chip select/slave select)：SPI 主机通过此根线选择与哪一个 SPI 从机通信，低电平表示该 SPI 从机被选中(低电平有效)。

（4）MISO(master in slave out)：在 SPI 主机上也被称为 Rx-channel，SPI 主机通过此根线接收 SPI 从机传输过来的数据。

SPI 总线主要有以下几个特点：采用主从模式(master-slave)的控制方式，支持单主设备多从设备。SPI 通信协议规定两个 SPI 设备之间的通信必须由主设备来控制从设备。也就是说，在 FPGA 是主机的情况下，不管是 FPGA 给芯片发送数据还是 FPGA 从芯片中接收数据，写 Verilog 逻辑时片选信号 CS 与串行时钟信号 SCK 必须由 FPGA 来产生。同时，一个主设备可以设置多个片选信号来控制多个从设备。SPI 通信协议还规定从设备的 clock 由主设备通过 SCK 管脚提供，从设备本身不能产生或控制 clock；没有 clock，则从设备不能正常工作。单主设备多从设备的典型结构如图 2-83 所示。

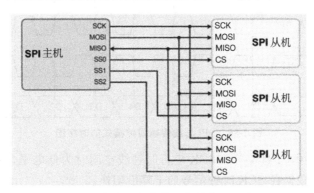

图 2-83　单主设备多从设备的典型结构图

SPI 总线在传输数据的同时也传输了时钟信号，所以 SPI 通信协议是一种同步(synchronous)传输协议。主设备会根据将要交换的数据产生相应的时钟脉冲，组成时钟信号，时钟信号通过时钟极性和时钟相位控制两个 SPI 设备何时交换数据以及何时对接收数据进行采样，保证数据在两个设备之间是同步传输的。

SPI 通信协议是一种全双工的串行通信协议，数据传输时高位在前，低位在后。SPI 通信协议规定一个 SPI 设备不能在数据通信过程中仅仅充当一个发送者(transmitter)或者接收者(receiver)。在片选信号 CS 为"0"的情况下，在每个 clock 周期内，SPI 设备都会发送并接收 1 bit 数据，相当于有 1 bit 数据被交换了。数据传输高位在前，低位在后(MSB first)。SPI 主从结构内部数据传输示意图如图 2-84 所示。

SPI 总线传输一共有 4 种模式，这 4 种模式分别由时钟极性(CPOL，clock polarity)和时钟相位(CPHA，clock phase)来定义。其中 CPOL 参数规定了 SCK 时钟信号空闲状态的

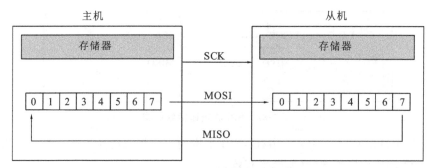

图 2-84 SPI 主从结构内部数据传输示意图

电平,CPHA 规定了数据是在 SCK 时钟信号的上升沿被采样还是在它的下降沿被采样。这 4 种模式的时序图如图 2-85 所示。

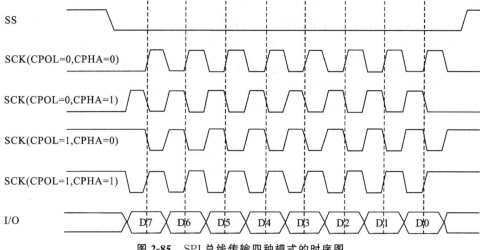

图 2-85 SPI 总线传输四种模式的时序图

模式 0:CPOL＝0,CPHA＝0。SCK 串行时钟线空闲时为低电平,数据在 SCK 时钟信号的上升沿被采样,数据在 SCK 时钟信号的下降沿切换。

模式 1:CPOL＝0,CPHA＝1。SCK 串行时钟线空闲时为低电平,数据在 SCK 时钟信号的下降沿被采样,数据在 SCK 时钟信号的上升沿切换。

模式 2:CPOL＝1,CPHA＝0。SCK 串行时钟线空闲时为高电平,数据在 SCK 时钟信号的下降沿被采样,数据在 SCK 时钟信号的上升沿切换。

模式 3:CPOL＝1,CPHA＝1。SCK 串行时钟线空闲时为高电平,数据在 SCK 时钟信号的上升沿被采样,数据在 SCK 时钟信号的下降沿切换。

图 2-86 清晰地表明,在模式 0 下,在空闲状态下,SCK 串行时钟线为低电平,当 SS 被主机拉低以后,数据传输开始,数据线 MOSI 和 MISO 的数据切换(toggling)发生在时钟信号的下降沿,而数据线 MOSI 和 MISO 的数据的采样(sampling)发生在数据的正中间。

使用 Verilog HDL 编写的 SPI 模块,除了进行 SPI 通信的 4 根线以外,还包括一些时钟信号、复位信号、使能信号、并行数据的输入/输出信号以及完成标志位。SPI 模块框图如图 2-87 所示。

在图 2-87 中:

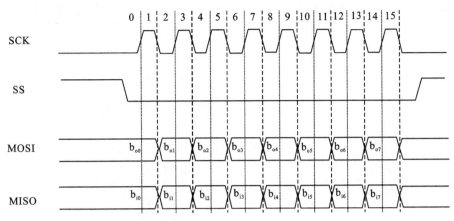

图 2-86　模式 0 下，SPI 四根总线的时序图

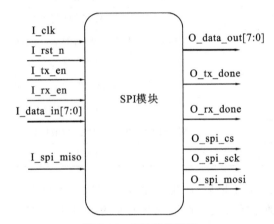

图 2-87　SPI 模块框图

I_clk 是系统时钟信号；

I_rst_n 是系统复位信号；

I_tx_en 是主机给从机发送数据的使能信号，为 1 时主机才能给从机发送数据；

I_rx_en 是主机从从机接收数据的使能信号，为 1 时主机才能从从机接收数据；

I_data_in 是主机要发送的并行数据；

O_data_out 是把从机接收回来的串行数据并行化后得到的并行数据；

O_tx_done 是主机给从机发送数据完成的标志位，发送完成后会产生一个高脉冲；

O_rx_done 是主机从从机接收数据完成的标志位，接收完成后会产生一个高脉冲；

I_spi_miso、O_spi_cs、O_spi_sck 和 O_spi_mosi 是标准 SPI 通信协议规定的四根线。

想实现上文模式 0 下的时序，最简单的办法是设计一个状态机。

由于要用 FPGA 控制或读写 QSPI Flash，因此 FPGA 是 SPI 主机，QSPI 是 SPI 从机。

发送：当 FPGA 通过 SPI 总线往 QSPI Flash 中发送一个字节（8 bit）的数据时，首先 FPGA 把 CS/SS 片选信号设置为“0”，表示准备开始发送数据，整个发送数据过程其实可以分为 16 个状态，如表 2-20 所示。

表 2-20 FPGA 通过 SPI 总线往 QSPI Flash 中发送一个字节(8 bit)的数据时每个状态执行的操作

状 态	SCK	操 作
状态 0	SCK 为 0	MOSI 为要发送的数据的最高位,即 I_data_in[7]
状态 1	SCK 为 1	MOSI 保持不变
状态 2	SCK 为 0	MOSI 为要发送的数据的次高位,即 I_data_in[6]
状态 3	SCK 为 1	MOSI 保持不变
状态 4	SCK 为 0	MOSI 为要发送的数据的下一位,即 I_data_in[5]
状态 5	SCK 为 1	MOSI 保持不变
状态 6	SCK 为 0	MOSI 为要发送的数据的下一位,即 I_data_in[4]
状态 7	SCK 为 1	MOSI 保持不变
状态 8	SCK 为 0	MOSI 为要发送的数据的下一位,即 I_data_in[3]
状态 9	SCK 为 1	MOSI 保持不变
状态 10	SCK 为 0	MOSI 为要发送的数据的下一位,即 I_data_in[2]
状态 11	SCK 为 1	MOSI 保持不变
状态 12	SCK 为 0	MOSI 为要发送的数据的下一位,即 I_data_in[1]
状态 13	SCK 为 1	MOSI 保持不变
状态 14	SCK 为 0	MOSI 为要发送的数据的最低位,即 I_data_in[0]
状态 15	SCK 为 1	MOSI 保持不变

一个字节的数据发送完毕以后,产生一个发送完成标志位 O_tx_done,并把 CS/SS 片选信号拉高,完成一次数据的发送。通过观察上面的状态可以发现,状态号为奇数的状态要做的操作实际上是一模一样的,所以为了精简代码,写代码时可以把状态号为奇数的状态全部整合到一起。

接收:当 FPGA 通过 SPI 总线从 QSPI Flash 中接收一个字节(8 bit)的数据时,首先 FPGA 把 CS/SS 片选信号设置为"0",表示准备开始接收数据,整个接收数据过程其实也可以分为 16 个状态,但是与发送过程不同的是,为了保证接收到的数据准确,必须在数据的正中间采样,也就是说模式 0 时序图中数据的正中间才是代码中锁存数据的地方,所以接收过程中每个状态执行的操作如表 2-21 所示。

表 2-21 FPGA 通过 SPI 总线从 QSPI Flash 中接收一个字节(8 bit)的数据时每个状态执行的操作

状 态	SCK	操 作
状态 0	SCK 为 0	不锁存 MISO 上的数据
状态 1	SCK 为 1	锁存 MISO 上的数据,即把 MISO 上的数据赋值给 O_data_out[7]
状态 2	SCK 为 0	不锁存 MISO 上的数据
状态 3	SCK 为 1	锁存 MISO 上的数据,即把 MISO 上的数据赋值给 O_data_out[6]
状态 4	SCK 为 0	不锁存 MISO 上的数据
状态 5	SCK 为 1	锁存 MISO 上的数据,即把 MISO 上的数据赋值给 O_data_out[5]
状态 6	SCK 为 0	不锁存 MISO 上的数据

续表

状　态	SCK	操　作
状态 7	SCK 为 1	锁存 MISO 上的数据，即把 MISO 上的数据赋值给 O_data_out[4]
状态 8	SCK 为 0	不锁存 MISO 上的数据
状态 9	SCK 为 1	锁存 MISO 上的数据，即把 MISO 上的数据赋值给 O_data_out[3]
状态 10	SCK 为 0	不锁存 MISO 上的数据
状态 11	SCK 为 1	锁存 MISO 上的数据，即把 MISO 上的数据赋值给 O_data_out[2]
状态 12	SCK 为 0	不锁存 MISO 上的数据
状态 13	SCK 为 1	锁存 MISO 上的数据，即把 MISO 上的数据赋值给 O_data_out[1]
状态 14	SCK 为 0	不锁存 MISO 上的数据
状态 15	SCK 为 1	锁存 MISO 上的数据，即把 MISO 上的数据赋值给 O_data_out[0]

一个字节的数据接收完毕以后，产生一个接收完成标志位 O_rx_done，并把 CS/SS 片选信号拉高，完成一次数据的接收。通过观察上面的状态可以发现，状态号为偶数的状态要做的操作实际上是一模一样的，所以为了精简代码，写代码时可以把状态号为偶数的状态全部整合到一起。这一点刚好与发送过程的状态刚好相反。

五、实验内容

使用 Verilog HDL 语言设计实现 SPI 通信，用软件进行仿真，观察仿真波形，验证结果是否正确。

设计思路如下：

(1)此电路所涉及的输入、输出端口如表 2-22 所示。

表 2-22　实验 I/O 端口介绍

信　号　名	I/O	位　宽	说　明
I_clk	I	1	系统时钟信号
I_rst_n	I	1	系统复位信号，低电平有效
I_rx_en	I	1	接收使能信号
I_tx_en	I	1	发送使能信号
I_data_in	I	8	要发送的 8 bit 数据
I_spi_miso	I	1	SPI 串行输入端口，用于接收从机的数据
O_data_out	O	8	接收到的数据
O_tx_done	O	1	发送一个字节的数据完毕标志位
O_rx_done	O	1	接收一个字节的数据完毕标志位
O_spi_sck	O	1	SPI 时钟信号
O_spi_cs	O	1	SPI 片选信号
O_spi_mosi	O	1	SPI 串行输出端口，用来给从机发送数据

(2)SPI 通信分为发送和接收两个模块。首先来写发送模块代码。先定义一个位宽为 4 的计数器 R_tx_state,用于对发送的数据进行计数,然后在发送使能信号为高电平时,将片选信号拉低,且当计数器 R_tx_state 为偶数时分别用于发送 8 位数据,为奇数时整合为一种状态。

```verilog
if(I_tx_en)
    begin
        O_spi_cs <= 1'b0;                    //把片选信号 CS 拉低
        case(R_tx_state)
            4'd1, 4'd3 , 4'd5 , 4'd7 ,       //整合奇数状态
            4'd9, 4'd11, 4'd13, 4'd15 :
                begin
                    O_spi_sck <= 1'b1;
                    R_tx_state <= R_tx_state + 1'b1;
                    O_tx_done <= 1'b0;
                end
            4'd0:                            //发送第 7 位
                begin
                    O_spi_mosi <= I_data_in[7];
                    O_spi_sck <= 1'b0;
                    R_tx_state <= R_tx_state + 1'b1;
                    O_tx_done <= 1'b0;
                end
            4'd2:                            //发送第 6 位
                begin
                    O_spi_mosi <= I_data_in[6];
                    O_spi_sck <= 1'b0;
                    R_tx_state <= R_tx_state + 1'b1;
                    O_tx_done <= 1'b0;
                end
            4'd4:                            //发送第 5 位
                begin
                    O_spi_mosi <= I_data_in[5];
                    O_spi_sck <= 1'b0;
                    R_tx_state <= R_tx_state + 1'b1;
                    O_tx_done <= 1'b0;
                end
            4'd6:                            // 发送第 4 位
                begin
                    O_spi_mosi <= I_data_in[4];
                    O_spi_sck <= 1'b0;
                    R_tx_state <= R_tx_state + 1'b1;
                    O_tx_done <= 1'b0;
                end
```

```verilog
        4'd8:                          // 发送第 3 位
            begin
                O_spi_mosi <= I_data_in[3];
                O_spi_sck <= 1'b0;
                R_tx_state <= R_tx_state + 1'b1;
                O_tx_done <= 1'b0;
            end
        4'd10:                         // 发送第 2 位
            begin
                O_spi_mosi <= I_data_in[2];
                O_spi_sck <= 1'b0;
                R_tx_state <= R_tx_state + 1'b1;
                O_tx_done <= 1'b0;
            end
        4'd12:                         // 发送第 1 位
            begin
                O_spi_mosi <= I_data_in[1];
                O_spi_sck <= 1'b0;
                R_tx_state <= R_tx_state + 1'b1;
                O_tx_done <= 1'b0;
            end
        4'd14:                         // 发送第 0 位
            begin
                O_spi_mosi <= I_data_in[0];
                O_spi_sck <= 1'b0;
                R_tx_state <= R_tx_state + 1'b1;
                O_tx_done <= 1'b1;
            end
        default: R_tx_state <= 4'd0;
    endcase
```

(3)对于接收模块,同样先定义一个位宽为 4 的计数器 R_rx_state,用于对接收的数据进行计数;然后在接收使能信号为高电平时,将片选信号拉低,当计数器 R_rx_state 为奇数时分别用于发送 8 位数据,为偶数时整合为一种状态。

```verilog
    if(I_rx_en)                        // 在接收使能信号有效的情况下
        begin
            O_spi_cs <= 1'b1;          // 拉高片选信号 CS
            case(R_rx_state)
                4'd0,4'd2 ,4'd4 ,4'd6,  //整合偶数状态
                4'd8,4'd10,4'd12,4'd14 :
                    begin
                        O_spi_sck <= 1'b0;
                        R_rx_state <= R_rx_state + 1'b1;
```

```
                    O_rx_done <= 1'b0;
                end
            4'd1:                        // 接收第 7 位
                begin
                    O_spi_sck <= 1'b1;
                    R_rx_state <= R_rx_state + 1'b1;
                    O_rx_done <= 1'b0;
                    O_data_out[7] <= I_spi_miso;
                end
            4'd3:                        // 接收第 6 位
                begin
                    O_spi_sck <= 1'b1;
                    R_rx_state <= R_rx_state + 1'b1;
                    O_rx_done <= 1'b0;
                    O_data_out[6] <= I_spi_miso;
                end
            4'd5:                        // 接收第 5 位
                begin
                    O_spi_sck <= 1'b1;
                    R_rx_state <= R_rx_state + 1'b1;
                    O_rx_done <= 1'b0;
                    O_data_out[5] <= I_spi_miso;
                end
            4'd7:                        // 接收第 4 位
                begin
                    O_spi_sck <= 1'b1;
                    R_rx_state <= R_rx_state + 1'b1;
                    O_rx_done <= 1'b0;
                    O_data_out[4] <= I_spi_miso;
                end
            4'd9:                        // 接收第 3 位
                begin
                    O_spi_sck <= 1'b1;
                    R_rx_state <= R_rx_state + 1'b1;
                    O_rx_done <= 1'b0;
                    O_data_out[3] <= I_spi_miso;
                end
            4'd11:                       // 接收第 2 位
                begin
                    O_spi_sck <= 1'b1;
                    R_rx_state <= R_rx_state + 1'b1;
                    O_rx_done <= 1'b0;
                    O_data_out[2] <= I_spi_miso;
```

```
                end
        4'd13:                          // 接收第 1 位
            begin
                O_spi_sck <= 1'b1;
                R_rx_state <= R_rx_state + 1'b1;
                O_rx_done <= 1'b0;
                O_data_out[1] <= I_spi_miso;
            end
        4'd15:                          // 接收第 0 位
            begin
                O_spi_sck <= 1'b1;
                R_rx_state <= R_rx_state + 1'b1;
                O_rx_done <= 1'b1;
                O_data_out[0] <= I_spi_miso;
            end
        default:R_rx_state <= 4'd0;
    endcase
```

(4)编写仿真测试代码,定义激励信号(注意信号的位宽);定义 Testbench 测试模块以及变量,时间尺度为 ps,精度为 ps,激励信号为 reg 型,输出信号连线为 wire 型。

```
'timescale 1ps / 1ps
module spi;
reg I_clk;
reg I_rst_n;
reg I_rx_en;
reg I_tx_en;
reg [7:0] I_data_in;
reg I_spi_miso;
wire [7:0] O_data_out;
wire O_tx_done;
wire O_rx_done;
wire O_spi_sck;
wire O_spi_cs;
wire O_spi_mosi;
```

实例化被测模块。

```
spi inst (
        .I_clk(I_clk ),
        .I_rst_n(I_rst_n),
        .I_rx_en(I_rx_en),
        .I_tx_en(I_tx_en),
        .I_data_in(I_data_in),
        .O_data_out(O_data_out),
```

```
                . O_tx_done(O_tx_done),
                . O_rx_done(O_rx_done),
                . I_spi_miso(I_spi_miso),
                . O_spi_sck(O_spi_sck),
                . O_spi_cs(O_spi_cs),
                . O_spi_mosi(O_spi_mosi)
        );
```

初始化激励信号的值,输入测试数据。

```
    initial begin
            I_clk = 0;
            I_rst_n = 0;
            I_rx_en = 0;              //接收使能信号
            I_tx_en = 1;              //发送使能信号
            I_data_in = 8'h11;
            I_spi_miso = 0;
            #100;
            I_rst_n = 1;
            #500 I_rx_en = 1;
    end
    always #10 I_clk = ~I_clk ;
    always @(posedge I_clk or negedge I_rst_n)
    begin
        if(! I_rst_n)
          I_data_in <= 8'h11;
        else if(I_data_in == 8'hff)
          begin
            I_data_in <= 8'hff;
            I_tx_en <= 0;
          end
        else if(O_tx_done)
          I_data_in <= I_data_in + 1'b1 ;
    end
 endmodule
```

(5)对电路进行仿真。可以选择用 ModelSim 进行仿真,也可以选择用 Vivado 自带的仿真器进行仿真。这里只对发送部分进行测试,对于接收部分,等把代码下载到开发板上后可以用 ChipScope 抓接收部分时序进行观察。本次 SPI 传输数据实验仿真波形如图 2-88 所示。

通过观察发现,仿真结果与理论结果匹配,仿真正确。

SPI 的四根信号线分别为 I_spi_miso、O_spi_sck、O_spi_sck、O_spi_mosi;在 I_rst_n 复位完成后,接收使能信号 I_rx_en 为"1",此时开始传输数据;片选信号 O_spi_cs 被拉低,O_spi_sck 信号为 SPI 时钟信号,O_spi_mosi 为输出数据;I_spi_miso 为输入信号,此时接收使

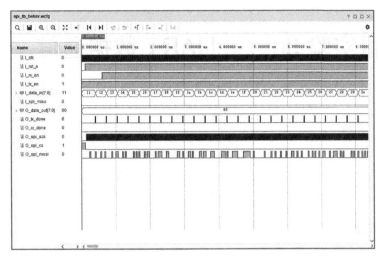

图 2-88 本次 SPI 传输数据实验仿真波形

能信号 I_rx_en 为"0",因此 I_spi_miso 表现为"0";在数据传输完成后 O_rx_done 信号为
"1",在其他状态下时为"0"。

六、思考与练习

如何编码实现 SPI 数据通信的模式 1、2、3?

项目实验 30　　UART 数据通信

一、实验前的准备

（1）安装好 Vivado 或 Quartus Ⅱ 等 FPGA 开发软件，检查开发板、下载线、电源线是否齐全。

（2）熟悉 UART 通信协议 RS-232。

二、实验目的

（1）熟悉利用 Vivado 开发数字电路的基本流程和 Vivado 软件的相关操作。

（2）了解时序图的读图方法。

（3）通过本知识点的学习，理解 UART 通信协议。

三、实验任务

使用 Verilog HDL 语言设计实现 UART 通信，用软件进行仿真，观察仿真波形，验证结果是否正确。

四、实验原理

串口通信是指串口按位（bit）发送和接收字节。尽管比特字节（byte）的串行通信慢，但是串口可以在使用一根线发送数据的同时用另一根线接收数据。串口通信协议是指规定了数据包的内容，内容包含起始位、主体数据、校验位及停止位，双方需要约定一致的数据包格式才能正常收发数据的有关规范。在串口通信中，常用的协议包括 RS-232、RS-422 和 RS-485。本实验以 RS_232 为例。

1. 发送模块

由于波特率发生器产生的时钟信号 clk 的频率为 9600 Hz，因此在发送器中，每 16 个时钟周期发送一个 8 bit 有效数据，首先是起始位（发送端口 tx_data 从逻辑 1 转化为逻辑 0，并持续 1/9600 s，其次是 8 bit 有效数据（低位在前，高位在后），最后是一位停止位。整个发送模块的状态机包含 5 个状态，即 state_idle、state_start、state_wait、state_shift 以及 state_stop，如图 2-89 所示。

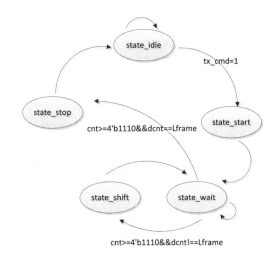

图 2-89 发送模块状态转移图

2.接收模块

整个接收模块的状态机包含 3 个状态，即 state_idle、state_sample 和 state_stop，如图 2-90 所示。其中，state_idle 状态为空闲状态，用于检测数据链路上的起始信号，系统复位后，接收模块就处于这一状态，一直到检测到 rx_data 数据从"1"跳变"0"，一个起始位代表着一帧新的数据，一旦检测到起始位，立刻进入 state_sample 状态，采集有效数据。在此状态下，rx_ready 信号的值为"1"。

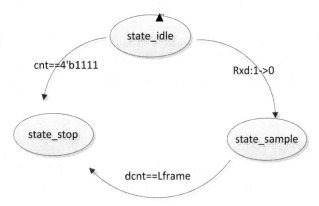

图 2-90 接收模块状态转移图

五、实验内容

使用 Verilog HDL 语言设计实现 RS-232 通信协议，用软件进行仿真，观察仿真波形，验证结果是否正确。

1.发送模块

设计思路如下：

(1)此电路所涉及的输入、输出端口如表 2-23 所示。

表 2-23　发送模块 I/O 端口介绍

信　号　名	I/O	位　　宽	说　　　　明
clk	I	1	系统时钟信号
rst	I	1	系统复位信号,低电平有效
tx_din_data	I	8	待发送的数据
tx_cmd	I	1	发送指令
tx_ready	O	1	为高电平时表示随时可以接收外部的发送指令
tx_data	O	1	发送出去的单比特数据

(2)由图 2-89 可知,本实验采用状态机的方式实现。串口发送共有 5 个状态,按照状态转移图依次编写。

①state_idle 为空闲状态,当复位信号有效或者发送任务已完成时,发送模块就处于 state_idle 状态下,等待下一个发送指令(tx_cmd)的到来。在 state_idle 状态下,发送完成指示 tx_ready 为高电平,表明随时可以接收外部的发送指令。tx_cmd 信号高电平有效,且持续时间为一个时钟信号的周期。该信号由顶层模块根据外部按钮响应同步整形得到。当 tx_cmd 有效时,发送模块的下一状态为 state_start。

②state_start 为发送模块的起始状态,拉低 tx_ready 信号,表明发送模块正处于工作中,并拉低发送比特线 tx_data,给出起始位,然后跳转到 state_wait 状态。需要注意的是, state_start 状态仅持一个时钟周期,完成相关信号值的改变后,发送模块无条件进入 state_wait 状态。

③state_wait 为发送模块的等待状态,保持所有信号值不变。当发送模块处于这一状态时,等待计满 16 个时钟周期后,判断 8 bit 有效数据是否发送完毕,如果发送完毕,跳转到 state_stop 状态,结束有效数据的发送;否则,跳转到 state_shift 状态,发送下一个有效数据。

④state_shift 为数据移位状态。发送模块在这一状态将下一个要发送的数据移动到发送端口上,然后直接跳转到 state_wait 状态。

⑤发送模块在 state_stop 状态完成停止位的发送。8 bit 有效数据发送完成后,发送模块进入该状态,发送一个停止位,发送完成后自动进入 state_idle 状态,并且将 tx_ready 信号拉高。

设计流程如下：

(1)按照 Vivado 软件的设计流程,新建一个名为"uart"的工程文件,同时新建一个设计文本,并取名为"uart_tx"。

(2)输入代码,进行编译、综合。

定义关键参数,定义每种状态的常量值。

```
parameter Lframe=4'd8;
```

```
        parameter state_idle=3'b000;
        parameter state_start=3'b001;
        parameter state_wait=3'b010;
        parameter state_shift=3'b011;
        parameter state_stop=3'b100;
        reg [2:0] state=state_idle;
        reg [3:0] cnt=0;
        reg [3:0] dcnt=0;
        reg tx_data;
        assign tx_data=tx_data;
```

在复位时刻,发送模块进入空闲状态,控制空闲状态还原到初始状态。

```
        if(! rst)
            begin
            state<=state_idle;          //复位时,进入空闲状态
            cnt<=1'b0;                   //计数器清 0
            tx_ready<=1'b0;             //拉低准备信号,不准备接收外部的发送指令
            tx_data<=1'b1;
            end
```

在空闲状态,tx_ready 被拉高,tx_data 被拉高,判断发送指令状态,为高电平时,发送模块进入起始状态。

```
        state_idle:                     //讨论空闲状态下时序的控制
            begin
            tx_ready<=1'b1;            //拉高准备信号,准备接收外部的发送指令
            cnt<=1'b0;
            tx_data<=1'b1;
                if(tx_cmd==1'b1)        //发送指令为高电平时,发送模块进入起始状态
                    state<=state_start;
                else                     //否则保持空闲状态
                    state<=state_idle;
            end
```

在起始状态,tx_ready 被拉低,tx_data 被拉低,发送模块立刻进入等待状态。

```
        state_start:
            begin
                tx_ready<=1'b0;
                tx_data<=1'b0;
                state<=state_wait;
            end
```

在等待状态,tx_ready 保持低电平,对 cnt 进行判断,过了 14 个时钟单位(起始和停止各 1 个时钟单位),判断欲传递的数据是否已传完,如果传递了 8bit 有效数据,发送模块就进入停止状态;如果没有记满 14 个单位,发送模块就继续等待,cnt 继续自动加"1"。

```
        state_wait：
            begin
                tx_ready<=1'b0；
                if(cnt>=4'b1110)
                    begin
                        cnt<=1'b0；
                        if(dcnt==4'd8)
                            begin
                            state<=state_stop；
                            dcnt<=1'b0；
                            tx_data<=1'b1；
                            end
                        else
                            begin
                            state<=state_shift；
                            tx_data<=tx_data；
                            end
                    end
                else
                    begin
                        state<=state_wait；
                        cnt<=cnt+1'b1；
                    end
            end
```

在数据移位状态，发送模块保持 tx_ready 处于拉低状态，待发送的数据以单比特的方式传递，传递 1 bit，dcnt 自动加"1"，随后等待。

```
        state_shift：
            begin
                tx_ready<=1'b0；
                tx_data<=tx_din_data[dcnt]；
                dcnt<=dcnt+1'b1；
                state<=state_wait；
            end
```

在停止状态，发送模块判断 cnt 是否记满 14 个时钟单位，如果记满，就进入初始状态，cnt 清 0，tx_ready 被拉高，准备接收外部的发送指令；如果没有记满，就继续处于等待状态，cnt 继续自动加"1"。

```
        state_stop：
            begin
                tx_data<=1'b1；
                if(cnt>4'b1110)
                    begin
```

```
            state<=state_idle;
            cnt<=1'b0;
            tx_ready<=1'b1;
        end
    else
        begin
            state<=state_stop;
            cnt<=cnt+1'b1;
        end
    end
```

（3）编写仿真测试代码，定义激励信号（注意信号的位宽）；定义 Testbench 测试模块以及变量，时间尺度为 ps，精度为 ps，激励信号为 reg 型，输出信号连线为 wire 型。

```
'timescale 1ps / 1ps
module uart;
    reg [7:0] tx_din_data;
    reg tx_cmd;
    wire tx_ready;
    wire tx_data;
```

实例化被测模块。

```
uart_tx inst(
    .clk(clk),
    .rst(rst),
    .tx_din_data(tx_din_data),
    .tx_cmd(tx_cmd),
    .tx_ready(tx_ready),
    .tx_data(tx_data)
);
```

初始化激励信号的值。延时 100 个时钟单位，将复位信号 rst 置"1"，将发送数据信号（tx_din_data）置"10"，拉高发送指令信号（tx_cmd）；再延时 20 个时钟单位后，关闭发送指令信号，产生 50 MHz 时钟信号。

```
initial
    begin
        clk=0;
        rst=1;
        tx_din_data=0;
        tx_cmd=0;
        #100 rst=1;
        tx_din_data=10;
        tx_cmd=1;
        #20 tx_cmd=0;
```

```
            end
    always #10 clk=~clk;
    endmodule
```

(4)对电路进行仿真。可以选择用 ModelSim 进行仿真,也可以选择用 Vivado 自带的仿真器进行仿真。仿真结果如图 2-91 所示。

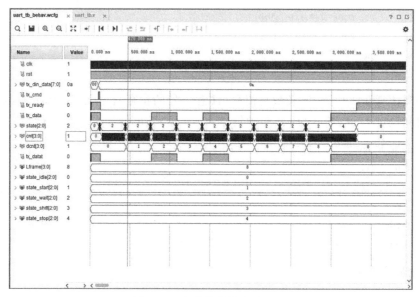

图 2-91 发送模块仿真波形图

由仿真波形可以看出,从 470 ns 时刻起,tx_data 依次发出 01000000(10 的逆序)。

2.接收模块

设计思路如下:

(1)此电路所涉及的输入、输出端口如表 2-24 所示。

表 2-24 接收模块 I/O 端口介绍

信 号 名	I/O	位 宽	说 明
clk	I	1	系统时钟信号
rst	I	1	系统复位信号,低电平有效
rx_data	I	8	需要接收的 8 bit 数据
rx_ready	O	1	为高电平时表示接收端随时可以接收数据
rx_dout	O	8	接收到的 8 bit 数据

(2)定义关键参数,定义每种状态的常量值。

```
parameter Lframe=8;                      //帧长度
parameter state_idle=3'b000;    //三种状态
parameter state_sample=3'b010;
parameter state_stop=3'b100;
reg rx_ready;                            //接收准备信号,当处于空闲状态时,此信号有效
```

```
reg [2:0] state=state_idle;
reg [3:0] cnt=4'd0;            //计数
reg [3:0] num=4'd0;
reg [3:0] dcnt=4'd0;
reg [7:0] rx_douttmp=8'd0;
```

（3）state_idle 为空闲状态，当复位信号有效或者接收任务已完成时，接收模块就处于 state_idle 状态，等待下一个接收指令（rx_data）的到来。在 state_idle 状态下，rx_data 为 "0"并且过了 8 个时钟周期后，接收模块的下一状态为 state_ start。

```
state_idle:
        begin
            rx_douttmp<=8'd0;
            dcnt<=4'd0;
            rx_ready<=1'b1;
            if(cnt==4'b1111)
                begin
                    cnt<=4'd0;
                    if(num>4'd7)
                        begin
                            state<=state_sample;
                            num<=4'd0;
                        end
                    else
                        begin
                            state<=state_idle;
                            num<=4'd0;
                        end
                end
            else
                begin
                    cnt<=cnt+1'b1;
                    if(rx_data==1'b0)
                        begin
                            num<=num+1'b1;
                        end
                        else
                    begin
                        num<=num;
                    end
                end
        end
```

（4）state_sample 为数据采样状态，在此状态下，接收模块连续采样数据，并对采样数据进行判决,得到相应的逻辑值。这一过程要重复 8 次,并依次完成串并转换,直到接收完 8 bit 数据后,直接进入 state_stop 状态。在这一状态下,rx_ready 信号的值为"0"。

```
state_sample:
    begin
    rx_ready<=1'b0;
    if(dcnt==Lframe)
        begin
        state<=state_stop;
        end
    else
        begin
        state<=state_sample;
        if(cnt==4'b1111)
            begin
            dcnt<=dcnt+1'b1;
            cnt<=4'd0;
            if(num>7)
                begin
                    num<=4'd0;
                    rx_douttmp[dcnt]<=1'b1;
                end
            else
                begin
                    rx_douttmp[dcnt]<=1'b0;
                    num<=4'd0;
                end
            end
        else
            begin
                cnt<=cnt+1'b1;
                if(rx_data==1'b1)
                    begin
                    num<=num+1'b1;
                    end
                else
                    num<=num;
            end
        end
    end
```

(5)state_stop 状态用于检测停止位。为了使接收模块的使用范围更广,本程序在这一状态等待一定的时间后,直接跳转到 state_idle 状态,无论停止位是 1 位、1.5 位还是 2 位,都不对其数值进行采样判断。这是因为没有添加校验位,根据串口的传输协议,8 bit 有效数据后肯定是停止位,但停止位所占的时间是要补偿的。对于不同位宽的停止位,需要修改计数器的模值。

```
state_stop:
        begin
            rx_ready<=1'b1;
            if(cnt==4'b1111)
                begin
                    cnt<=4'd0;
                    state<=state_idle;
                end
            else
                cnt<=cnt+1'b1;
        end
    endcase
    end
end
```

设计流程如下:

(1)新建一个名为"uart"的工程文件,同时新建一个设计文本,并取名为"uart_rx"。

(2)输入代码,进行编译、综合。

(3)编写测试代码,定义激励信号(注意信号的位宽);定义 Testbench 测试模块以及变量,时间尺度为 ns,精度为 ps,激励信号为 reg 型,输出信号连线为 wire 型。

```
'timescale 1ns / 1ps
module uart_rx_tb;
    reg clk;
    reg rst;
    reg rx_data;
    wire rx_ready;
    wire [7:0] rx_dout;
```

实例化被测模块。

```
uart_rx inst(
        .clk(clk),
        .rst(rst),
        .rx_data(rx_data),
        .rx_ready(rx_ready),
        .rx_dout(rx_dout)
    );
```

初始化激励信号的值。延时 100 个时钟单位,复位信号 rst 置"1",接收指令信号(ra_data)有效;再延时 640 个时钟单位后,关闭接收指令信号,产生 50 MHz 时钟信号。

```
initial
```

```
        begin
            clk=0;
            rst=0;
            rx_data=1;
            ♯100;
            rst=1;
            rx_data=0;
            ♯640
            rx_data=1;
        end
    always ♯10 clk=~clk;
endmodule
```

（4）对电路进行仿真。可以选择用 ModelSim 进行仿真，也可以选择用 Vivado 自带的仿真器进行仿真。仿真结果如图 2-92 所示。

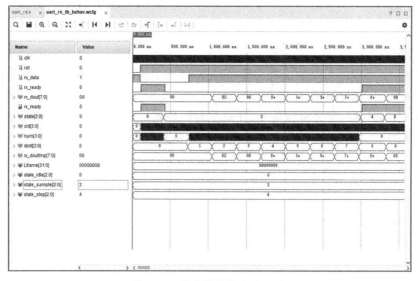

图 2-92　接收模块仿真波形图

观察仿真得到的波形发现，rx_data 输入的数据依次为 01111111，低位在前；rx_dout 为输出数据，在 rx_ready 为低电平时完成数据的传输，传输完成后 rx_ready 被拉高。

六、思考与练习

如何编码实现 UART 数据通信中的顶层模块？

项目实验 31 异步 FIFO 存储器电路设计

一、实验前的准备

(1)安装好 Vivado 或 Quartus Ⅱ等 FPGA 开发软件,检查开发板、下载线、电源线是否齐全。

(2)查看异步 FIFO 存储器电路设计原理图,了解异步 FIFO 存储器的工作原理。

二、实验目的

(1)熟悉利用 Vivado 开发数字电路的基本流程和 Vivado 软件的相关操作。

(2)使学生受到 FPGA 应用与设计所必需的综合训练,在不同程度上提高学生电路设计分析与制作、逻辑系统设计与开发的能力。

(3)了解 Verilog HDL 语言设计或原理图设计方法。

(4)通过本知识点的学习,了解异步 FIFO 存储器的工作原理。

三、实验任务

(1)设计一个异步 FIFO 存储器电路,要求为:位宽为 16 bit,深度为 64 位,有读、写使能信号提示,先有数据写到 FIFO 存储器里,等待被读取。

(2)FIFO 存储器快被写满时,为了防止 FIFO 存储器溢出,丢弃该数据,不再写入数据。

(3)FIFO 存储器快被读空时,为了防止 FIFO 存储器读取到无效的数据,应该停止 FIFO 存储器的读取。

四、实验原理

1.关于异步信号

不同时钟域内的数据信号互为异步信号。由于不同时钟域的信号周期和相位完全独立,因而传输过程中数据的丢失现象一定存在。异步信号通常与地址译码器、存储器的读写控制信号有关,且广泛存在于异步 FIFO 存储器的设计中。常见的异步信号如图 2-93

所示。

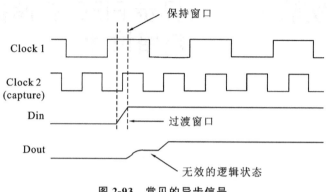

图 2-93 常见的异步信号

在图 2-93 中,Clock 1(时钟域 1)的时钟频率为 50 MHz;Clock 2(时钟域 2)的时钟频率为 100 MHz;Din(输入数据)是在时钟域 2 下的数据,而时钟域 1 需要采集到 Din。由于两个时钟域的频率不一致,如果不加以约束,采集到的数据将会无效且出现蝴蝶效应,导致系统无法正常工作。

Clock 1 如果在第一条虚线所对应时间节点处采集 Din,那么将会采集到处于建立时间内还未稳定的数据。Din 的建立时间和保持时间是数据稳定的必要保障。尽管 Din 沿着 Clock 2 的上升沿改变,但可以看到,Din 要企稳还需要一段时间(第二条虚线所指时间节点处,企稳的 Din 与 Clock 2 的上升沿未对齐)。理论上 Clock 1 只有在 Din 企稳后采集才可得到相对稳定的数据,此时就需要用到异步 FIFO 存储器。

2. FIFO 介绍

FIFO(first input first output)即先进先出,是系统的缓冲环节,如果没有 FIFO 存储器,整个系统就不可能正常工作。FIFO 存储器主要有以下几方面的功能。

(1)对连续的数据流进行缓存,防止在进机和存储操作时丢失数据。

(2)使数据集中起来进行进机和存储,可避免频繁的总线操作,减轻 CPU 的负担。

(3)允许系统进行 DMA 操作,提高数据的传输速度。这是至关重要的一点,如果不采用 DMA 操作,数据传输将达不到传输要求,而且大大增加 CPU 的负担,导致无法同时完成数据的存储工作。

在日常生活中,图像采集就用到异步 FIFO 技术对采集到的图像数据进行处理,手机中的摄像头模块也用到了异步 FIFO 这项技术。目前,在国内民用市场使用较多的摄像头模块有 OV7670、OV7725 等。这两种模块都带有 AL422B 这一 FIFO 存储器芯片。FIFO 存储器芯片带有 3 MB 的缓冲空间,能有效化解决低端 MCU 图像采集的速度瓶颈问题。摄像头工作原理如图 2-94 所示。

OV7760、OV7725 属于 CMOS 中的两种摄像头类型,在 CMOS 采集到的图像与 MCU 的数据传递中,都采用异步 FIFO 存储器芯片处理图像数据。

3. 异步 FIFO 存储器的重要参数

FIFO 存储器的宽度:外部数据输入时或者输出后的位宽长度。

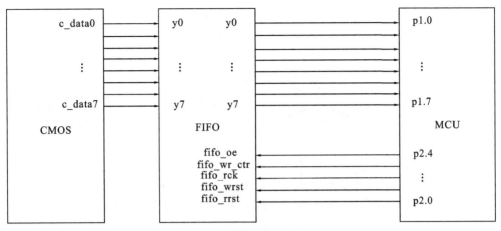

图 2-94　摄像头工作原理图

FIFO 存储器的深度：FIFO 存储器能够存储的数据位数。一般来说，在 FIFO 存储器中，数据可能被写入或读出，最大的写入量或读出量就是 FIFO 存储器的深度。例如，设计一个位宽为 16 bit 的 FIFO 存储器，它的深度为 64 位，那么这个 FIFO 存储器最大可连续写入或读出 64 个位宽为 16 bit 的数据。

满标志：FIFO 存储器设计中的一个警惕信号，在写时钟域内产生。当满标志信号出现，意味着 FIFO 存储器将要被写满，丢弃后续写入的数据。

空标志：与满标志类似，在读时钟域产生，能够阻止数据被读空。

读时钟：读取数据时所遵循的时钟信号。

写时钟：写入数据时所遵循的时钟信号。

读指针：一个环形的地址存储器，指针大小从最小值到最大值又到最小值这样反复循环，总是指向下一个读出地址，读完后自动加"1"。

写指针：产生逻辑与读指针相同，指向下一个要写入的地址，写完后自动加"1"。

五、实验内容

本次设计的异步 FIFO 存储器电路的输入信号位宽设定为 16 bit，深度为 64 位，要求存储器能够存储 64 个位宽为 16 bit 的数据；在电路代码设计中要有读、写使能信号提示，即控制信号必须有，这个在验证电路的读写测试时起到关键作用。实验设计要求是有数据需要写到异步 FIFO 存储器电路中，等待被读取，然后当 FIFO 存储器收到读请求信号时，便在下一个读时钟的上升沿将数据读出。功能设计流程图如图 2-95 所示。

其中主要实现的功能有：当 FIFO 存储器在快被写满时，为了防止 FIFO 存储器溢出，就该丢弃掉该数据，并将写使能信号关闭；当 FIFO 快被读空时，为了防止 FIFO 存储器被读空而导致读到的数据无效，应该立即将读使能信号关闭，停止读取数据。

整体电路设计按图 2-96 分为四个主要模块。

第一个为数据写入控制模块，经过逻辑判断向实例化存储模块以及读时钟同步模块输入通过格雷码同步的写地址信号。写满判断示意图如图 2-97 所示。

第二个模块为实例化存储模块，主要是将写入的数据通过转换后的写地址存储到双端

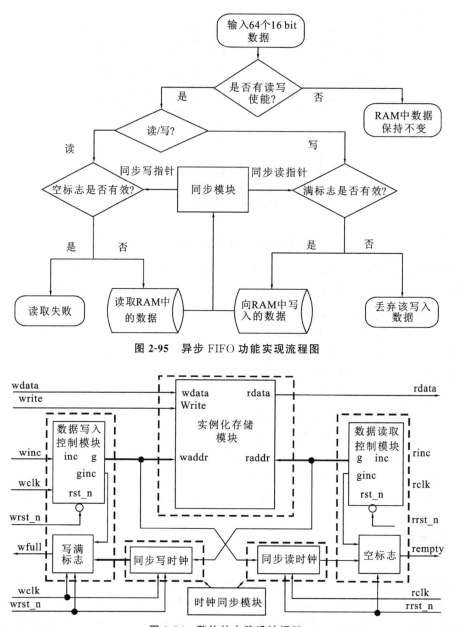

图 2-95 异步 FIFO 功能实现流程图

图 2-96 整体的电路设计框架

口 RAM 中进行存储,同时通过读地址对 RAM 中的数据进行读取。实例化存储模块的输入信号有写入的数据、写使能信号、格雷码转换后的写地址信号,以及格雷码转换后的读地址信号,输出信号为读取到的信号。因此,在测试验证时可以考虑将数据先写入 FIFO 存储器的 RAM 中,通过信号读取其中的数据,验证是否与输入的源数据相同,即可验证 FIFO 存储器的功能是否正常。

第三个模块为数据读取控制模块,主要是控制数据的读取,向实例化存储模块以及写时钟模块输入格雷码转换后的写地址信号。读空判断示意图如图 2-98 所示。

第四个模块是时钟同步模块。这个模块由读时钟域同步和写时钟域同步两个子模块构

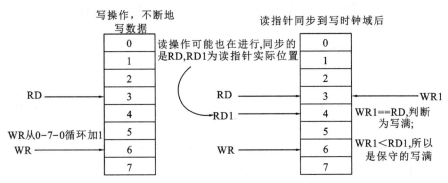

图 2-97 写满判断示意图

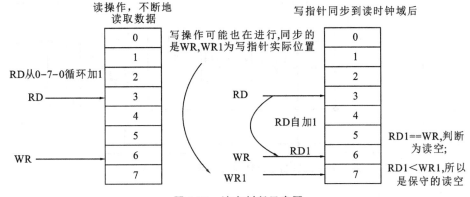

图 2-98 读空判断示意图

成,主要功能便是将格雷码地址同步到读或者写时钟域,以便生成读空或写满标志。该模块的两个子模块嵌入在数据读取控制模块、数据写入控制模块内。

1. 数据写入控制模块

设计思路如下:

(1)此电路中需要用到的输入、输出端口如表 2-25 所示。

表 2-25 数据写入控制模块 I/O 端口列表

信 号 名	I/O	位 宽	说 明
w_clk	I	1	写入数据时所遵循的时钟信号
rst_n	I	1	系统复位信号,低电平有效
w_en	I	1	写使能
r_gaddr	I	7	格雷码编码的读地址
w_full	O	1	写满信号,当该信号被拉高时,FIFO 存储器不再写入数据
w_addr	O	7	写地址
w_gaddr	O	7	格雷码编码的写地址

(2)同步读时钟域内的格雷码编码的读地址(时钟同步模块)。

(3)当写使能信号有效时,产生写地址。

189

（4）将写地址转换为格雷码，将读地址格雷码与写地址格雷码进行逻辑判断，产生写满信号。

二进制地址转换为格雷码的逻辑图如图 2-99 所示。

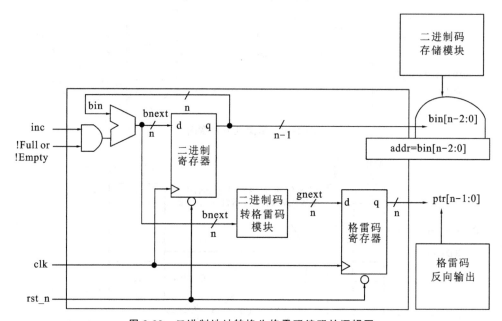

图 2-99　二进制地址转换为格雷码编码的逻辑图

```
//打两拍进行时钟同步
always @(posedge w_clk or negedge rst_n)
    if(rst_n == 1'b0)
        {r_gaddr_d2,r_gaddr_d1} <= 14'd0;
    else
        {r_gaddr_d2,r_gaddr_d1} <= {r_gaddr_d1,r_gaddr};


//产生 RAM 的二进制地址指针
assign w_addr = addr;
always @(posedge w_clk or negedge rst_n)
    if(rst_n == 1'b0)
        addr <= 7'd0;
    else
        addr <= addr_wire;
assign addr_wire = addr + ((~w_full)&w_en);


//转换为格雷码编码地址
assign gaddr_wire=(addr_wire>>1)^addr_wire;
always @(posedge w_clk or negedge rst_n)
    if(rst_n == 1'b0)
```

```
                gaddr<=7'd0;
            else gaddr <= gaddr_wire；
        assign w_gaddr = gaddr；

        //写满标志产生完成
        always @(posedge w_clk or negedge rst_n)
            if(rst_n == 1'b0)
                w_full <= 1'b0；
            else if({~gaddr_wire[6:5],gaddr_wire[4:0]}==r_gaddr_d2)
                w_full <=1'b1；
            elsew_full <=1'b0；
```

设计流程如下：

(1)新建一个名为"asy_fifo"的工程文件,同时新建一个设计文本,并取名为"w_ctrl"。

(2)输入代码,进行编译、综合。

(3)对工程文件进行编译、综合,直接生成对应的 RTL 电路,如图 2-100 所示。

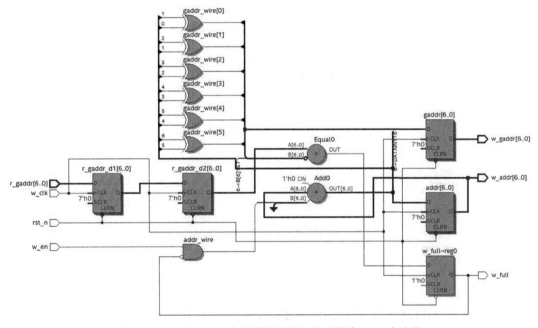

图 2-100　异步 FIFO 存储器数据写入控制模块 RTL 电路图

2. 实例化存储模块

设计思路如下：

(1)此电路需要调用 Xilinx 或者 Quartus 平台的简单双端口 RAM IP 核,需要用到的输入/输出端口如表 2-26 所示。

表 2-26 实例化存储模块 I/O 端口列表

信　号　名	I/O	位　　宽	说　　　　明
w_clk	I	1	写入数据时所遵循的时钟信号
w_en	I	1	写使能
w_full	I	1	来自 FIFO 存储器的数据写入控制模块,该信号被拉高表示 FIFO 存储器被写满
w_data	I	16	来自外部数据源
w_addr	O	7	来自 FIFO 存储器数据写入控制模块的写地址
r_empty	I	1	来自 FIFO 存储器的数据读取控制模块
r_addr	I	7	来自 FIFO 存储器数据写入控制模块的读地址
r_data	O	7	读数据,是从内部 RAM 中读取

(2)判断 RAM 内写使能信号的产生条件。

(3)实例化一个简单双端口 RAM。

```
wire ram_w_en;
assign ram_w_en = w_en & (~w_full);
//IP 核 已经改为 256 位深度的,但是名字没有改
dp_ram_512x8_swsrdp_ram_512x8_swsr_inst (
    //写数据接口
    . wrclock ( w_clk ),
    . wren( ram_w_en ),
    . wraddress ( w_addr[6:0] ),
    . data( w_data ),
    //读数据接口
    . rdclock ( r_clk ),
    . rdaddress ( r_addr[6:0] ),
    . q( r_data )
    );
```

设计流程如下:

(1)按照 Vivado 软件的设计流程,新建一个名为"asy_fifo"的工程文件,同时新建一个设计文本,并取名为"fifomem"。

(2)输入代码,进行编译、综合。

(3)对工程文件进行编译、综合,直接生成对应的 RTL 电路,如图 2-101 所示。

3. 数据读取控制模块

设计思路如下:

(1)此电路需要用到的输入、输出端口如表 2-27 所示。

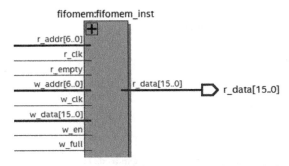

图 2-101　异步 FIFO 存储器实例化存储模块 RTL 电路图

表 2-27　数据读取控制模块 I/O 端口列表

信　号　名	I/O	位　　宽	说　　　明
r_clk	I	1	读取数据时所遵循的时钟信号
r_en	I	1	读使能
r_gaddr	I	7	写时钟域中的写地址指针
r_empty	O	1	读空标志
r_addr	O	7	读地址
r_gaddr	O	7	读地址格雷码

(2)将写地址格雷码打两拍进行同步(时钟同步模块)。

(3)产生二进制形式的读地址。

(4)产生读地址的格雷码。

(5)判断读空标志的产生。

```
//打两拍进行时钟同步
always @(posedge r_clk or negedge rst_n)
    if(rst_n == 1'b0)
        {w_gaddr_d2,w_gaddr_d1} <= 14'd0;
    else
        {w_gaddr_d2,w_gaddr_d1} <= {w_gaddr_d1,w_gaddr};
//二进制形式的读地址
assign r_addr = addr;
always @(posedge r_clk   or negedge rst_n)
    if(rst_n == 1'b0)
        addr <=7'd0;
    else
        addr <= addr_wire;

assign addr_wire = addr + ((~r_empty)&r_en);
//格雷码的读地址
assign r_gaddr = gaddr;
assign gaddr_wire = (addr_wire >>1 )^ addr_wire;
```

```
always @(posedge r_clk or negedge rst_n)
    if(rst_n == 1'b0)
        gaddr <= 7'd0;
    else
        gaddr <= gaddr_wire;

//读空标志的产生
assign r_empty_wire = (gaddr_wire == w_gaddr_d2);
always @(posedge r_clk or negedge rst_n)
    if(rst_n == 1'b0)
        r_empty<=1'b1;
    else if(gaddr_wire == w_gaddr_d2)
        r_empty <= r_empty_wire;
    else
        r_empty <= 1'b0;
```

(6)对工程文件进行编译、综合,直接生成对应的 RTL 电路,如图 2-102 所示。

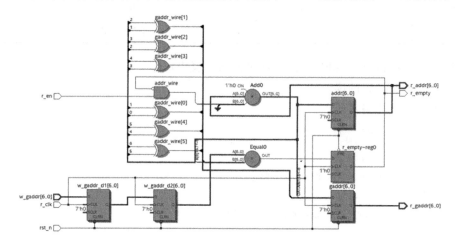

图 2-102 异步 FIFO 存储器数据读取控制模块 RTL 电路图

4. 顶层文件编写

(1)此电路需要用到的端口如表 2-28 所示。

表 2-28 顶层电路 I/O 端口列表

信 号 名	I/O	位 宽	说 明
w_clk	I	1	数据写入控制模块所遵循的时钟信号
r_clk	I	1	数据读取控制模块所遵循的时钟信号
w_en	I	1	写使能
w_data	I	16	外部写入的数据源
w_full	O	1	写满信号

信 号 名	I/O	位 宽	说 明
r_en	I	1	读使能
r_data	O	16	读出的数据
r_empty	O	1	读空信号

(2)测试异步 FIFO 存储器电路,连续输入 68 个数据,然后连续读取 68 次,判断电路是否正常工作。

将数据写入控制模块、数据读取控制模块以及实例化存储模块进行实例化。

```
w_ctrl w_ctrl_inst(
    .w_clk(w_clk),              //写时钟
    .rst_n(rst_n),              //复位
    .w_en(w_en),                //写使能
    .r_gaddr(r_gaddr),          //读时钟域过来的格雷码读地址指针
    .w_full(w_full),            //写满标志
    .w_addr(w_addr),            //256 位深度的 FIFO 存储器写二进制码地址,改为 64
                                  位深度
    .w_gaddr(w_gaddr)           //写 FIFO 存储器地址格雷码);
fifomem fifomem_inst(
    .w_clk(w_clk),
    .r_clk(r_clk),
    .w_en(w_en),                //来自 FIFO 存储器的数据写入控制模块
    .w_full(w_full),            //来自 FIFO 存储器的数据写入控制模块
    .w_data(w_data),            //来自外部数据源
    .w_addr(w_addr),            //来自 FIFO 存储器的数据写入控制模块
    .r_empty(r_empty),          //来自 FIFO 存储器的数据读取控制模块
    .r_addr(r_addr),            //来自 FIFO 存储器的数据读取控制模块
    .r_data(r_data)             //数据是从内部 RAM 中读取
);
r_ctrl r_ctrl_inst(
    .r_clk(r_clk),              //读时钟
    .rst_n(rst_n),
    .r_en(r_en),                //读使能
    .w_gaddr(w_gaddr),          //写时钟域中的写地址指针
    .r_empty(r_empty),          //读空标志
    .r_addr(r_addr),            //读二进制码地址
    .r_gaddr(r_gaddr)           //读格雷码地址
);
```

设计流程如下:

(1)在名为"ey_fifo"的工程文件中,新建一个设计文本,并取名为"ex_fifo"。

(2)输入代码,进行编译、综合。

（3）编写仿真测试代码，定义激励信号（注意信号的位宽）。

```
reg r_clk,w_clk,rst_n;
reg w_en;
reg [15:0] w_data;
reg r_en;
wire w_full;
wire r_empty;
wire [15:0] r_data;
```

实例化被测模块。

```
ex_fifo ex_fifo_inst(
    . w_clk(w_clk),
    . r_clk(r_clk),
    . rst_n(rst_n),
    . w_en(w_en),
    . w_data(w_data),
    . w_full(w_full),
    . r_en(r_en),
    . r_data(r_data),
    . r_empty(r_empty)
);
```

初始化激励信号的值。延时 200 个时钟单位后，复位信号置"1"；再延时 300 个时钟单位，执行写任务。读任务的执行条件是写满信号（w_full）上升沿有效后，再延时 40 个时钟单位。

```
parameter CLK_P=20;
initial begin
    rst_n<=0;
    r_clk<=0;
    w_clk<=0;
    #200 rst_n=1;
end
//写的初始化模块
initial begin
    w_en=0;
    w_data=0;
    #300
    write_data(68);    //执行写任务 68 次
end
//读的初始化模块
initial begin
    r_en =0;
```

```
        @(posedge w_full);
        #40;
        read_data(68);        //执行读任务68次
    end
    always #(CLK_P/2) r_clk = ~r_clk;   //周期20ns,频率50MHz
    always #(CLK_P/2.5) w_clk = ~w_clk;//周期16ns,频率62.5MHz
```

编写读写测试任务模块,以便调用。

```
    task write_data(len);               //len 为执行次数
        integer i,len;                  //定义循环条件参数
        begin
            for (i=0;i<len;i=i+1)
            begin
                @(posedge w_clk);
                w_en=1'b1;              //使能打开,写入一个数据
                w_data=i;
            end
            @(posedge w_clk);
            w_en = 1'b0;
            w_data =0;
        end
    endtask
    task read_data(len);
        integer i,len;
        begin
            for (i=0;i<len;i=i+1)
            begin
                @(posedge r_clk);
                r_en=1'b1;
            end
            @(posedge r_clk);
            r_en = 1'b0;
        end
    endtask
```

(4)对电路进行仿真,异步 FIFO 存储器的写时序仿真如图 2-103 所示。

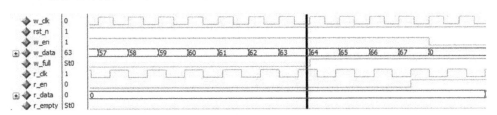

图 2-103　异步 FIFO 存储器的写时序仿真

从功能角度看,也就是数据写入控制模块做到写满不再继续写入。

从图 2-103 中可以看出,数据(w_data)从"0"开始到"67",连续写入了 68 个数据,而在数据写到"63"时,写满信号(w_full)在写时钟信号(w_clk)上升沿同步被拉高,表示异步 FIFO 存储器已满,之后写入的数据无效。

再看读时序部分的仿真。测试代码中要求的是连续读取 68 个数据,这超过了异步 FIFO 存储器的最大深度(64 位)。读时序仿真如图 2-104 所示。

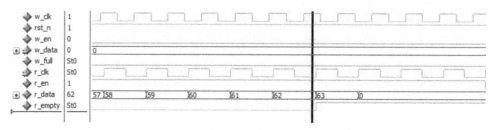

图 2-104 异步 FIFO 存储器读时序仿真

从图 2-104 中可以看出,数据从"0"开始连续读取到"63"停止,在达到最大深度时成功阻止异步 FIFO 存储器读取无效的数据。可以看到,尽管测试要求异步 FIFO 存储器读取 68 个数据,但是异步 FIFO 存储器中写入的有效数据并没有这么多,因此读空信号(r_empty)在读时钟信号(r_clk)上升沿同步被拉高。此时,无论系统怎样请求读取数据都是无效的,读取数据已结束。

六、思考与练习

(1)如何对深度为 128 位、256 位的异步 FIFO 存储器进行设计?

(2)试描述如何将用 Verilog HDL 描述的电路,封装成为 IP 核,设置自定义 IP 核的库名和目录,启动封装工具定制 IP 核,添加进 Vivado 的 IP 核资源库目录中,调用自定义的 IP 核,实现异步 FIFO 存储器的 IP 核设计。

(3)实现偶数倍、奇数倍分频器 IP 核设计。

项目实验 32　　VGA 图片显示实验

一、实验前的准备

(1)安装好 Vivado 或 Quartus Ⅱ等 FPGA 开发软件,检查开发板、下载线、电源线是否齐全。

(2)了解 VGA 显示图像的原理。

二、实验目的

(1)了解 MIF 文件的制作。

(2)熟悉 ROM IP 核的工作原理。

(3)掌握和运用 VGA 实现图像显示的原理。

(4)掌握时序分析的重要性。

(5)了解用 FPGA 实现大型综合电路设计的方法。

三、实验任务

(1)调用 ROM IP 核,实现对数据的存储与提取。

(2)调用 VGA 接口,实现对图像的显示。

四、实验原理

1. VGA 简介

VGA 的全称是 video graphics array,即视频图形阵列,是一个使用模拟信号进行视频传输的标准。VGA 接口定义及各引脚功能说明如图 2-105 所示,我们一般只用到其中的 1(RED)、2(GREEN)、3(BLUE)、13(HSYNC)、14(VSYNC)信号引脚。引脚 1、2、3 分别输出红、绿、蓝三原色模拟信号,电压变化范围为 0~0.714 V,0 V 代表无色,0.714 V 代表满色;引脚 13、14 输出 TTL 电平标准的行/场同步信号。

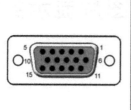

引脚	名称	描述	引脚	名称	描述
1	RED	红色	9	KEY	预留
2	GREEN	绿色	10	GND	场同步地
3	BLUE	蓝色	11	ID0	地址码0
4	ID2	地址码2	12	ID1	地址码1
5	GND	行同步地	13	HSYNC	行同步
6	RGND	红色地	14	VSYNC	场同步
7	GGND	绿色地	15	ID3	地址码3
8	BGND	蓝色地			

图 2-105　VGA 接口引脚定义

2. VGA 显示扫描原理

VGA 的像素扫描是从左上角扫描到右下角，一行一行地扫，先从左到右扫描一行，再从左到右扫描第二行，直到最后一行的最后一个像素，如图 2-106 所示。

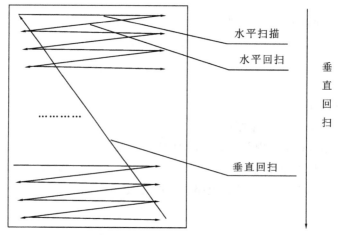

图 2-106　VGA 光栅扫描过程

在 VGA 视频传输标准中，视频图像被分解为红、绿、蓝三原色信号，经过数/模转换之后，在行同步（HSYNC）和场同步（VSYNC）信号的同步下分别由三个独立通道传输。VGA 接口在传输过程中的同步时序分为行时序和场时序，如图 2-107 和图 2-108 所示。

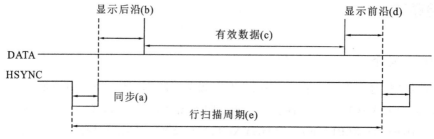

图 2-107　行同步时序

从图 2-107 和图 2-108 中可以看到，VGA 接口在传输过程中的行同步时序和场同步时

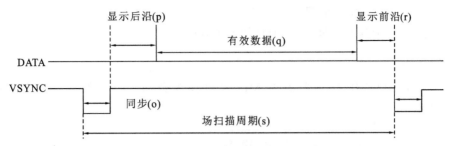

图 2-108 场同步时序

序非常类似,一行或一场(又称一帧)数据都分为四个部分:低电平同步脉冲、显示后沿、有效数据段以及显示前沿。

行同步信号 HSYNC 在一个行扫描周期中完成一行图像的显示。其中:在(a)段维持一段时间的低电平用于数据同步,在其余时间被拉高;在有效数据期间((c)段),红、绿、蓝三原色数据通道输出一行图像信号,在其余时间数据无效。

与之类似,场同步信号在一个场扫描周期中完成一帧图像的显示,不同的是行扫描周期的基本单位是像素点时钟,即完成一个像素点显示所需要的时间;而场扫描周期的基本单位是完成一行图像显示所需要的时间。

3. VGA 分辨率

早期的 VGA 特指分辨率为 640×480 的显示模式,后来根据分辨率的不同,VGA 又分为 VGA(640×480)、SVGA(800×600)、XGA(1024×768)、SXGA(1280×1024)等。不同分辨率的 VGA 显示时序是类似的,仅存在参数上的差异,如表 2-29 所示。需要注意的是,即便分辨率相同,刷新速率(每秒钟图像更新次数)不一样时,对应的 VGA 像素时钟及时序参数也存在差异。例如,显示模式"640×480@75"的刷新速率为 75 Hz,与相同分辨率下刷新速率为 60 Hz 的"640×480@60"模式相比,像素时钟更快,其他时序参数也不尽相同。

表 2-29 VGA 接口分辨率表

显 示 模 式	时钟 /MHz	行时序/像素数					帧时序/行数				
		a	b	c	d	e	o	p	q	r	s
640×480@60	25.175	96	48	640	16	800	2	33	480	10	525
640×480@60	31.5	64	120	640	16	840	3	16	480	1	500
640×480@60	40.0	128	88	800	40	1056	4	23	600	1	628
640×480@60	49.5	80	160	800	16	1056	3	21	600	1	625
640×480@60	65	136	160	1024	24	1344	6	29	768	3	806
640×480@60	78.8	176	176	1024	16	1312	3	28	768	1	800
640×480@60	108.0	112	248	1280	48	1688	3	38	1024	1	1066
640×480@60	83.46	136	200	1280	64	1680	3	24	800	1	828
640×480@60	106.47	152	232	1440	80	1904	3	28	900	1	932

此次实验采用的是 640×480@60 的显示模式,每幅图像有 525 行,每行有 800 个值。也就是说完成一幅图像的传送需要约 1 s/60=16.7 ms,完成一行的传送需要约 16.7 ms/

$525=31.75\ \mu s$,完成一个像素的传送需要约 $31.75\ \mu s/800=40\ \mu s$。因此,为了方便设计,接口的时候设为 25 MHz 最方便,每个时钟送一个数据。

4. MIF 文件

Quartus 的 ROM IP 核需要添加 MIF 文件作为数据的储存源。MIF 文件示例如图 2-109 所示。

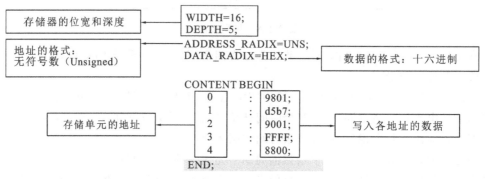

图 2-109 MIF 文件示例

MIF 文件制作方法如下。

步骤 1:通过任意方法将长×宽为 400×480 大小的视标"E"的图像(见图 2-110)转换成 BMP 格式(见图 2-111)。

图 2-110 需要显示的图片

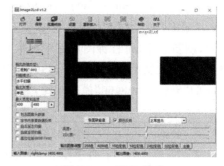

图 2-111 BMP 格式

步骤 2:通过 Image2Lcd 软件将 BMP 格式的图片转换成 BIN 文件(见图 2-112),由于 VGA 显示"1"为白色,显示"0"为黑色,而 Image2Lcd 输出的文件"1"为黑色,"0"为白色,因此需要单击颜色反转,将 Image2Lcd 输出的文件改为适合 VGA 的"1"为白色、"0"为黑色。单击"保存"按钮即可制作成 BIN 文件。

步骤 3:通过 BmpToMif 软件将 Image2Lcd 生成的 BIN 文件转换成 MIF 文件。对于旋转字长,这里选择 8 字节字长,这里视标"E"的大小为长×宽=400×480,总像素大小为 192 000,Quartus 的 ROM IP 核最大深度为 65 536 bit,所以我们将图片转换成 8 bit 的字节,所需深度为 24 000 bit;通过 BmpToMif 生成 MIF 文件即可。生成的 MIF 文件如图 2-113 所示。

步骤 4:调用 ROM IP 核,实现对 MIF 文件数据的提取。

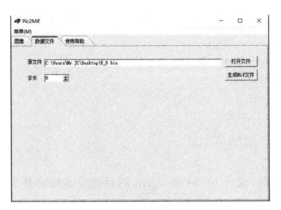

图 2-112　生成 BIN 文件

E.mif - 记事本
文件(F)　编辑(E)　格式(O)　查看(V)　帮助(H)
-- Copyright (C) 2006 Laputa Develop Group
-- PicToMif is a freeware, which can be spread freely,
-- as long as not being used in commerce.

-- Memory Initialization File (.mif) generated by PicToMif can
-- be used in Quartus to initialize the roms or rams.

WIDTH = 8;
DEPTH = 24000;

ADDRESS_RADIX = UNS;
DATA_RADIX = BIN;
CONTENT BEGIN
　　　　　　0 : 00000000;
　　　　　　1 : 00000000;
　　　　　　2 : 00000000;
　　　　　　3 : 00000000;
　　　　　　4 : 00000000;
　　　　　　5 : 00000000;
　　　　　　6 : 00000000;

图 2-113　生成的 MIF 文件

五、实验内容

使用 Verilog HDL 语言设计通过 VGA 接口实现图片显示及控制。

设计流程如下：

(1)定义模块 I/O 口，注意位宽。

```
module vga_drive(
input i_sys_clk,
input i_sys_rst,
output o_hys,                //行同步信号
output o_vys,                //场同步信号
output reg [15:0] o_vga_rgb  //VGA 数据输出
);
```

（2）将时钟二分频，将 vga_clk 作为接下来使用的上升沿时钟信号。

```
reg vga_clk  ;
always@(posedge  i_sys_clk  or  negedge  i_sys_rst)begin
  if(! i_sys_rst)
    vga_clk<=0;
  else
    vga_clk<=~vga_clk;
  end
```

（3）设计行/场计数器，设计 h_cnt 和 v_cnt 的目的是实现对整个屏幕的扫描。

```
reg [9:0] h_cnt;
reg [9:0] v_cnt;
always@(posedge vga_clk or negedge i_sys_rst)begin
    if(! i_sys_rst)begin
        h_cnt<=0;
    end
    else if(h_cnt==799)
        h_cnt<=0;
    else
        h_cnt<=h_cnt+1;
end
always@(posedge vga_clk or negedge i_sys_rst) begin
    if(! i_sys_rst)begin
        v_cnt<=0;
    end
    elseif(h_cnt==799)begin
        if(v_cnt==524)
            v_cnt<=0;
        else
            v_cnt<=v_cnt+1;
    end
end
assign o_hys=(h_cnt <=95-1)? 0:1;
assign o_vys=(v_cnt <=2-1)? 0:1;
```

（4）设计显示区域。显示区域分为有效数据的显示区域和"E"的显示区域。

```
wire [9:0] e_x0;
wire [9:0] e_x1;
wire [9:0] e_y0;
wire [9:0] e_y1;
wire e_show_en;
wire valid_area;
parameter len_buff=400;
```

```
parameter wid_buff=480;
assign e_x0 =((320−len_buff[9:1]) + 144);        //行起始点
assign e_x1 =((320+len_buff[9:1]) + 144);        //行终止点
assign e_y0 =((240−wid_buff[9:1]) + 34);         //场起始点
assign e_y1 =((240+wid_buff[9:1]) + 34);         //场终止点
assigne_show_en=((h_cnt >=e_x0+2 && h_cnt < e_x1+2) && (v_cnt >=e_y0
&& v_cnt < e_y1))? 1:0;                          //E 的显示区域
assign valid_area = (h_cnt >=144 && h_cnt <=786 && v_cnt >=34 && v_cnt <=
515)? 1:0;                                       //VGA 有效数据显示区域
```

（5）进行 IP 核 ROM 的数据输入，以 x_p 为行，以 y_p 为列，x_p 每加到 400 就清 0，所以需要以 y_p 作为宽数据。

```
wire [9:0] x_p;
wire [9:0] y_p;
wire [17:0] e_addr;
assign x_p = h_cnt−e_x0;
assign y_p = v_cnt−e_y0;
assign e_addr=(x_p + y_p * 400);
e_rom u_e_rom(
           .address (e_addr[17:3]),
           .clock (vga_clk),
           .q (e_rom_data)
           );
```

（6）进行 VGA 数据输出，e_addr_low 是 e_addr 的低三位，是从循环的"0"加到"7"，由于 ROM 输出的字节是 8 位的，需要将这 8 位的数据准确地送到显示屏上。

```
reg [2:0] e_addr_low;
wire e_sel;
wire [7:0] e_rom_data;
always @(posedge vga_clk or negedge i_sys_rst) begin
    if(! i_sys_rst) begin
        e_addr_low <= 0;
    end
    else begin
        e_addr_low <= e_addr[2:0];
    end
end
assign e_sel = e_rom_data[7−e_addr_low];
always @(posedge vga_clk or negedge i_sys_rst) begin
    if(! i_sys_rst) begin
        o_vga_rgb<=0;
    end
    else if(valid_area) begin
```

```
        if(e_show_en)
            o_vga_rgb<={16{e_sel}};
        else
            o_vga_rgb<={16{1'b1}};
    end
    elseo_vga_rgb<=0;
end
```

六、实验下载

用软件进行仿真,观察仿真波形,验证结果正确后,将代码下载到开发板进行测试。

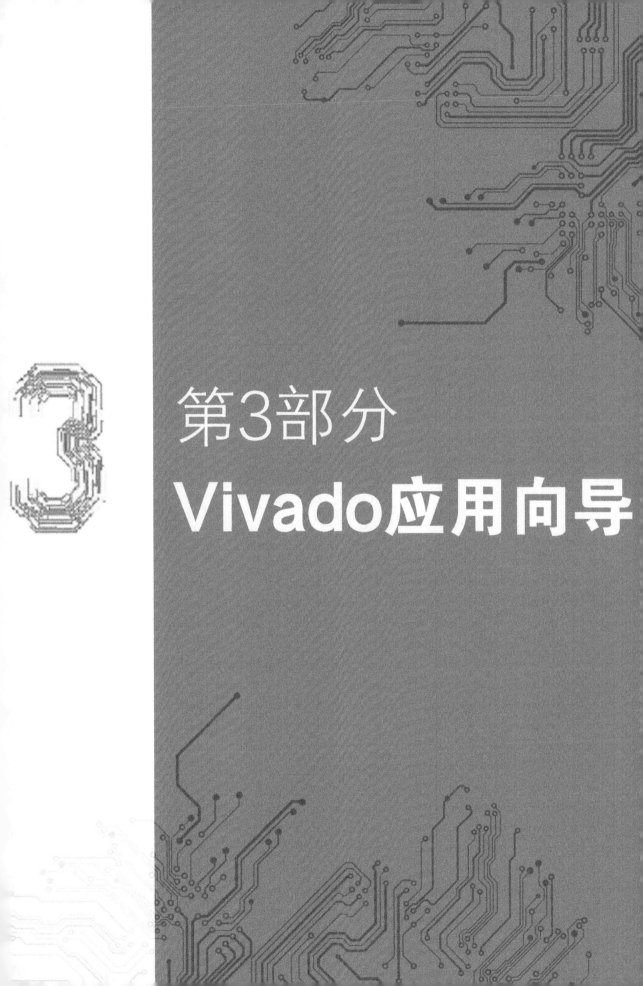

第3部分

Vivado应用向导

Vivado 简介

本部分重点介绍 Xilinx 公司 FPGA 集成开发环境 Vivado 2019.2 版本的安装方法和项目开发流程,以 LED 灯闪烁实例,通过展示详细的操作步骤,达到使读者快速入门的目的。

一、Vivado 简介

Vivado 是 Xilinx 公司在 2012 年推出的全新一代 FPGA 集成开发工具,包括高度集成的设计环境和新一代从系统到 IC 级的工具(这些均建立在共享的可扩展数据模型和通用的调试环境的基础上),提供了一个基于 AMBA AXI4 互联规范、IP-XACT IP 封装元数据、工具命令语言(TCL)、Synopsys 系统约束(SDC)以及其他有助于根据客户需求量身定制设计流程并符合业界标准的开放式环境。Xilinx 公司构建的 Vivado 工具把各类可编程技术结合在一起,能够扩展多达 1 亿个等效 ASIC 门的设计。

Vivado 是专注于集成的组件。为了解决集成的瓶颈问题,Vivado 设计套件采用了用于快速综合和验证 C 语言算法 IP 的 ESL 设计,实现重用的标准算法和 RTL IP 封装技术、标准 IP 封装和各类系统构建模块的系统集成,模块和系统验证的仿真速度提高了 3 倍,与此同时,硬件协同仿真性能提升了 100 倍。

Vivado 是专注于实现的组件。为了解决实现的瓶颈,Vivado 工具采用层次化器件编辑器和布局规划器,速度提升了 3 至 15 倍,且为 SystemVerilog 提供了业界最好支持的逻辑综合工具、速度提升 4 倍且确定性更高的布局布线引擎,以及通过分析技术可最小化时序、线长、路由拥堵等多个变量的"成本"函数。此外,增量式流程能让工程变更通知单(ECO)的任何修改只需对设计的一小部分进行重新实现就能快速处理,同时确保性能不受影响。最后,Vivado 工具通过利用最新共享的可扩展数据模型,能够估算设计流程各个阶段的功耗、时序和占用面积,从而实现预先分析,进而优化自动化时钟门等集成功能。

二、Vivado 设计流程

Vivado 与 ISE(Xilinx 公司早期集成开发环境)在很多方面有着很大的不同。这里我们从设计流程这个角度来回顾一下 ISE 的设计流程,如图 3-1 所示。

在这个流程中,输入的约束文件为 .ucf 文件,而且该文件是在 Translate(对应 NGDBuild)这一步才开始生效。换言之,综合后的时序报告没有多大的参考价值。此外,这

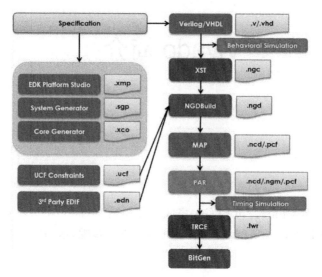

图 3-1　ISE 设计流程

个流程的每一步都会生成不同的文件，如综合后生成 . ngc 文件，Translate 之后生成 . ngd 文件，MAP 和 PAR 之后生成 . ncd 文件等。这说明每一步使用了不同的数据模型。

再来看看 Vivado 的设计流程，如图 3-2 所示。在这个流程中，输入的约束文件为 . xdc 文件，这个文件采用了业界标准 SDC 格式，且在综合和实现阶段均有效。因此，综合后就要查看并分析设计时序，如果时序未收敛，不建议执行下一步操作。

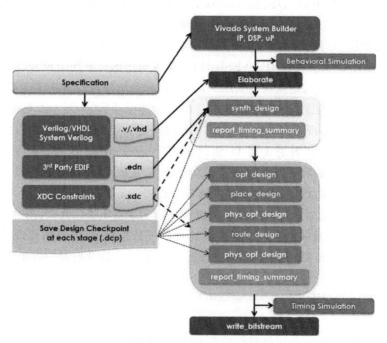

图 3-2　Vivado 设计流程

此外，Vivado 的实现阶段由不同的子步骤，即 opt_design、place_design、phys_opt_design、route_design 和 phys_opt_design 构成，其中 place_design 和 route_design 之后的

phys_opt_design 是可选的。同时,无论是综合还是实现,每个子步骤生成的文件均为 .dcp 文件。这意味着 Vivado 采用了统一的数据模型。

　　在默认情况下,在 Vivado 实现阶段,opt_design、place_design 和 route_design 是必然执行的,且每步都会生成相应的 .dcp 文件,这些 .dcp 文件可用于进一步的分析。

Vivado 下载与安装

一、Vivado 软件下载

登录 Xilinx 公司中文网站，选择"技术支持"→"下载与许可"，如图 3-3 所示，左侧将显示所有版本的软件。（建议使用 Google Chrome 浏览器）

图 3-3　Xilinx 公司中文网站界面

图 3-4　下载网络版安装工具

此处选择 2019.2 版本进行下载安装。选中"Version"中的"2019.2"版本，在图 3-4 中出现"Vivado Design Suite-HLx 版本-2019.2"的相关信息，单击"Xilinx Unified Installer 2019.2：Windows Self Extracting Web Installer(EXE-65.5MB)"，下载网络版安装工具。

212

二、软件安装

(1)双击已下载的文件(文件名为"Xilinx_Unified_2019.2_1106_2127_Win64"),启动网络版安装程序,如图 3-5 所示,单击"Next"按钮,弹出如图 3-6 所示的对话框。

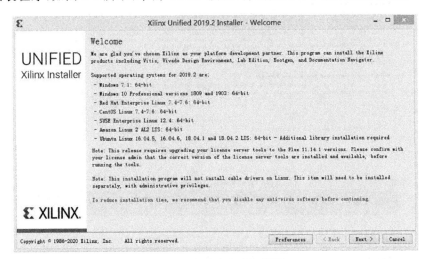

图 3-5　启动安装欢迎界面

(2)输入账号信息(需提前在 Xilinx 公司中文网站注册个人账号),即用户名和密码,然后单击"Next"按钮。

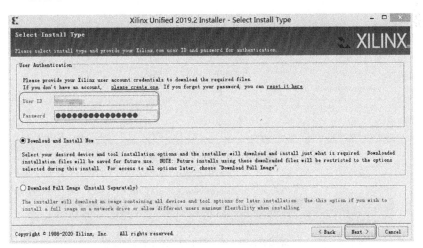

图 3-6　输入 Xilinx 账号信息

(3)勾选图 3-7 中的三个选项,然后单击"Next"按钮。

(4)在图 3-8 中选中"Vivado",然后单击"Next"按钮。

(5)在图 3-9 中选中"Vivado HL System Edition",然后单击"Next"按钮。

(6)在图 3-10 中可根据需求选择要安装的工具、器件库。此处保持默认选项,然后单击"Next"按钮。

(7)在图 3-11 中设置软件安装路径(默认为 C 盘根目录)。由于 Vivado 安装软件占磁

FPGA/Verilog HDL 技术与工程案例实践

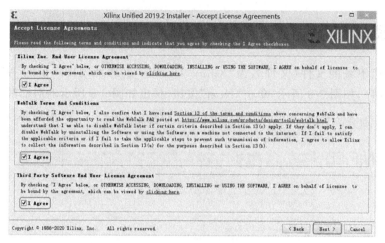

图 3-7　勾选同意选项

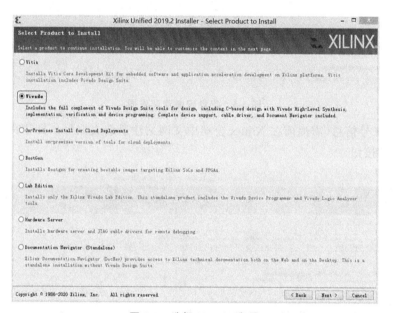

图 3-8　选择 Vivado 选项

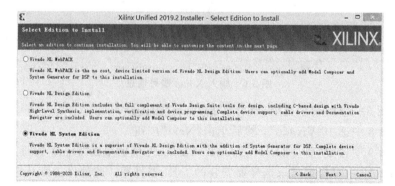

图 3-9　选中"Vivado HL System Edition"选项

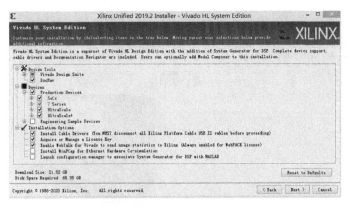

图 3-10　选择要安装的工具、器件库

盘空间较大(约 35 GB),建议选择安装在非系统盘,此处将安装在 D 盘根目录下。

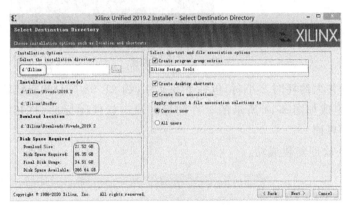

图 3-11　选择安装路径

(8)在图 3-11 中单击"Next"按钮后进入如图 3-12 所示的安装信息概览界面,此时单击 "Install"按钮,进入如图 3-13 所示的安装界面。

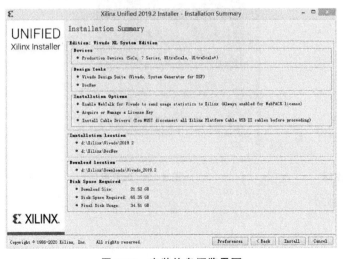

图 3-12　安装信息概览界面

FPGA/Verilog HDL 技术与工程案例实践

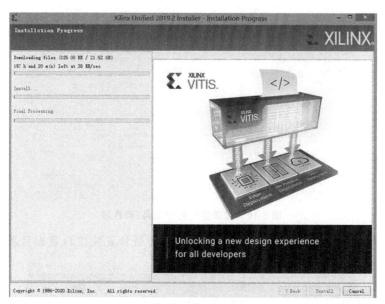

图 3-13　安装界面

（9）安装过程共大约耗时 2 小时，包括下载文件（约 21.52 GB）和安装软件，安装成功后会在计算机桌面生成如图 3-14 所示的软件图标。双击软件图标后，打开如图 3-15 所示的正常启动 Vivado 界面。

至此，Vivado 软件安装成功。

图 3-14　软件图标　　　　　图 3-15　正常启动 Vivado 界面

216

Vivado 快速入门

　　基于 Vivado 的工程实现过程主要包括创建工程、创建设计源文件、RTL 描述与分析、设计综合、行为仿真、创建约束文件. xdc 文件、设计实现、生成. bit 流文件、编程下载等。这里通过一个简单的使用 Verilog HDL 语言设计实例(实现 4 个 LED 灯间隔 1 s 闪烁功能)，介绍 Vivado 工程开发流程、基本功能使用技巧，以达到快速入门的目的。

一、创建工程

　　(1)在计算机桌面双击"Vivado 2019. 2"软件图标，启动 Vivado 2019. 2 集成开发环境，如图 3-16 所示。在"Quick Start"分组下，单击"Create Project"(创建工程)选项，或者在主菜单下选择"File"→"Project"→"New"，弹出如图 3-17 所示的"New Project-Create a New Vivado Project"对话框。

图 3-16　Vivado 2019. 2 集成开发环境

　　(2)在图 3-17 中单击"Next"按钮，弹出如图 3-18 所示的新工程名和路径设置对话框。设计者根据设计需要给出工程名和指定工程存放路径。注意，工程名和工程存放路径不能出现中文字符，否则可能会导致后续处理时产生错误。在此设计中按如下设置参数，然后单击"Next"按钮。

图 3-17 "New Project-Create a New Vivado Project"**对话框**

①Project name(工程名):led。

②Project location(工程存放路径):D:/xilinx_project。

③勾选"Create project subdirectory"复选框。勾选此复选框后,Vivado 将自动在工程存放路径下建立一个与工程名相同的子文件夹,用于存放工程内的各种文件。

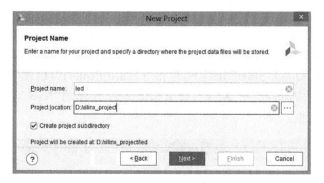

图 3-18 设置工程名和路径

(3)在图 3-19 所示的工程类型设置对话框中选择"RTL Project",然后单击"Next"按钮。

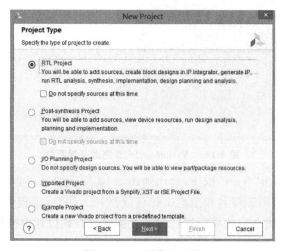

图 3-19 工程类型设置

（4）添加源文件（设计文件和约束文件）。此处不指定源文件（等工程建完另行创建），直接单击"Next"按钮，如图 3-20 所示。

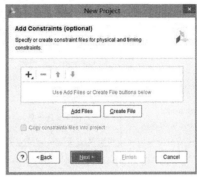

图 3-20　添加源文件操作

（5）器件选择。为新工程准确指定所使用的 FPGA 的型号，实现此项目的硬件平台是 ZYNQ-7000 系列 XC7Z010CLG400-1 FPGA 芯片。为了快速找到目标器件，可以设置过滤条件，通过下拉框选择如图 3-21 所示的参数，选中"xc7a35tfgg484-2"，然后单击"Next"按钮。

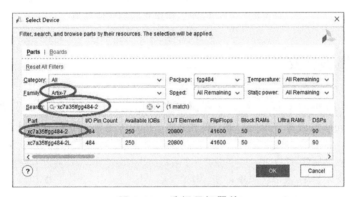

图 3-21　选择目标器件

（6）图 3-22 所示为新建工程信息概览界面，包括工程名、设计文件是否添加、器件信息等，直接单击"Finish"按钮，进入如图 3-23 所示的 Vivado 新工程建立后的环境界面。

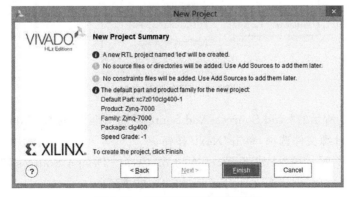

图 3-22　新建工程信息概览界面

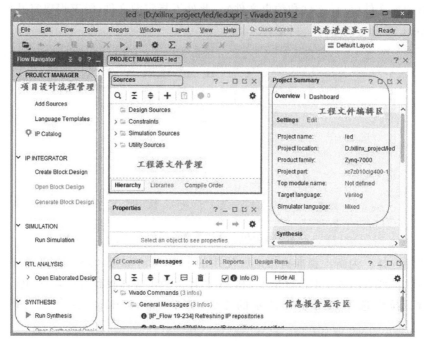

图 3-23　Vivado 新工程建立后的环境界面

二、创建并编辑设计文件

（1）在图 3-24 所示的工程源文件管理窗口右键单击"Design Sources"，在弹出的子菜单中选择"Add Sources"，或单击此窗口工具栏的"＋"工具图标，打开添加设计文件对话框。

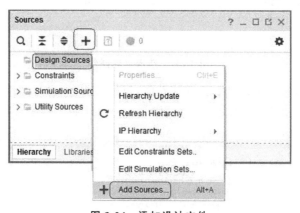

图 3-24　添加设计文件

（2）在图 3-25 所示的"Add Sources-Add Sources"对话框中，选择"Add or create design sources"，创建设计源文件选项，单击"Next"按钮。

（3）在图 3-26 所示的"Add Sources-Add or Create Design Sources"对话框中，单击"Create File"选项，打开创建源文件对话框，如图 3-27 所示。

（4）在图 3-27 中，输入设计文件所使用的硬件描述语言的类型和文件的名字，此处选择

图 3-25　选择"Add or create design sources"

图 3-26　单击"Create File"选项

"Verilog",设计文件命名为"led. v",然后单击"OK"按钮。

(5)在图 3-28 所示的对话框中单击"Finish"按钮,进入如图 3-29 所示的模块定义对话框。

图 3-27　设置源文件名字

图 3-28　完成创建设计源文件

(6)在图 3-29 中定义模块输入/输出端口及其属性。在"Port Name"栏输入所有端口名;在"Direction"下拉菜单选择"input/output/inout",将相应端口设置为"输入/输出/双向端口";勾选"Bus"复选框表示对应端口为总线模式,"MSB"表示总线的最高有效位,"LSB"表示总线的最低有效位。此实例中的端口按照图 3-29 进行参数设置,然后单击"OK"按钮,完成设计文件的创建。

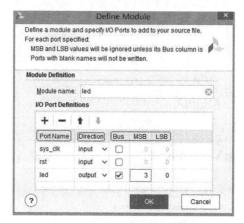

图 3-29　设置输入/输出端口及其属性

（7）打开设计文件编辑窗口。在"Sources"工程文件管理窗口的"Design Sources"菜单下添加并显示了"led.v"文件，双击此文件名，打开源文件编辑窗口，如图 3-30 所示。

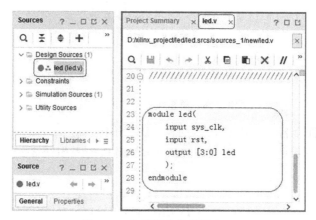

图 3-30　打开源文件编辑窗口

（8）编辑设计文件代码。在图 3-30 所示的代码编辑窗口，参照"代码 1"输入设计代码，单击保存工具按钮或按"Ctrl＋S"键保存，即可完成对设计文件的编辑操作。

代码 1：实现 4 个 LED 灯间隔 1 s 闪烁功能参考代码。

```
'timescale 1ns / 1ps
module led_shift(
    input sys_clk,
    input rst,
    output [3:0] led
    );
    reg [3:0] led;
    reg [31:0] timer_cnt;                    //定时器变量
    always @ (posedge sys_clk or negedge rst)
begin
```

```
        if(! rst) begin
        timer_cnt<=32'd0；
        led<=4'b1111；
        end
        else if(timer_cnt == 32'd49_999_999)            //定时间隔1秒
        begin
            timer_cnt<=32'd0；
            led<=~ led；                                 //led 翻转
        end
        else   timer_cnt<=timer_cnt+1'd1；
    end
  endmodule
```

三、RTL 描述与分析

在 Vivado 左侧的"Flow Navigator"项目设计流程管理窗口，找到"RTL ANALYSIS"→"Open Elaborated Design"并单击，随即弹出"Elaborated Design"对话框。该对话框显示一些提示信息，单击"OK"按钮，即可自动打开"Schematic"网表结构图，如图 3-31 所示。

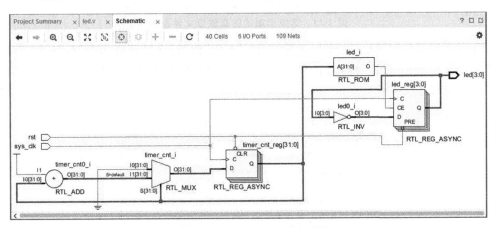

图 3-31　"Schematic"网表结构图

四、设计仿真

（1）创建仿真激励文件。

在图 3-32 所示的"Sources"工程源文件管理窗口中，右键单击"Simulation Sources(1)"选项，在弹出的子菜单中选择"Add Sources"，弹出如图 3-33 所示的添加源文件对话框。

（2）在图 3-33 中选中"Add or create simulation sources"，单击"Next"按钮，弹出如图 3-34 所示的添加或创建仿真激励文件对话框。

（3）在图 3-34 中单击"Create File"选项，弹出如图 3-35 所示的"Create Source File"对话框。在该对话框中设置仿真激励文件名，此处设置为"test.v"，然后单击"OK"按钮。返

图 3-32   添加仿真激励文件操作

图 3-33   选中添加的仿真激励文件操作

回到图 3-34 所示的对话框,在该对话框单击"Finish"按钮,在随即弹出的"Define Module"对话框中直接单击"OK"按钮,再单击"Yes"按钮完成仿真激励文件的创建。此时,在"Sources"工程源文件管理窗口"Simulation Sources(1)"菜单下多了刚刚创建的"test. v"源文件。

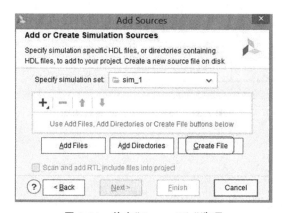

图 3-34   单击"Create File"选项

(4)编辑仿真激励文件。

在"Sources"工程源文件管理窗口中,找到并双击"test. v"文件,打开代码编辑器,参照"代码 2"输入代码,并保存文件完成仿真激励文件的添加。

代码 2:仿真激励文件。

图 3-35 设置仿真激励文件名

```
1   'timescale 1ns / 1ps
2   module test;
3   reg sys_clk;
4   reg rst;
5   wire [3:0] led;
6   led  u1(.sys_clk(sys_clk),
7               .rst(rst),
8               .led(led));
9   initial
10  begin
11      sys_clk=1'b0;
12      rst=1'b0;
13      #100;
14      rst=1'b1;
15  end
16  always
17  begin
18      #20 sys_clk= ~sys_clk;
19  end
20  endmodule
```

(5)运行仿真及观察结果。

在 Vivado 左侧的"Flow Navigator"项目设计流程管理窗口,找到"SIMULATION"→"Run Simulation"并单击,在弹出的子菜单中选择"Run Behavioral Simulation",进行运行仿真,如图 3-36 所示。仿真结果如图 3-37 所示。运用仿真工具操作并观察各信号变化是否符合设计逻辑。

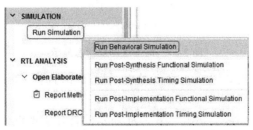

图 3-36 运行仿真

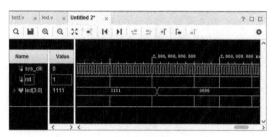

图 3-37　仿真结果

五、综合与实现

（1）启动综合工具。

在 Vivado 左侧的"Flow Navigator"项目设计流程管理窗口，找到"SYNTHESIS"→"Run Synthesis"并单击，或在工具栏上单击▶图标，在下拉菜单中选择"Run Synthesis"，如图 3-38 所示，启动综合工具。

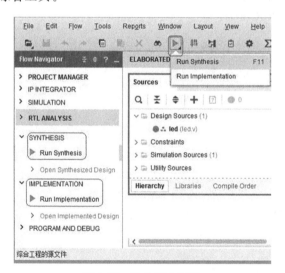

图 3-38　启动综合工具

（2）正常启动综合工具后，在 Vivado 软件右上角会有运行进度及状态显示，如图 3-39 所示。

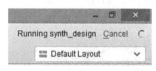

图 3-39　运行进度及状态显示

在综合完成后，会弹出如图 3-40 所示的对话框，此时选择"Run Implementation"，单击"OK"按钮，启动实现工具。

（3）启动实现工具完成后会弹出如图 3-41 所示的打开实现设计的对话框，单击"OK"按钮，打开布局布线后的结果如图 3-42 所示。

图 3-40　启动实现工具

图 3-41　打开实现设计的对话框结果

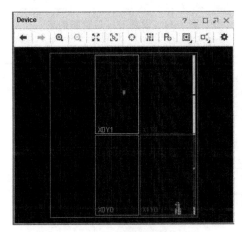

图 3-42　打开布局布线后的结果

六、创建约束文件. xdc 文件

（1）在 Vivado 的工具栏单击"Window"→"I/O Ports"，如图 3-43 所示，弹出 I/O 口管脚手动添加约束窗口。

图 3-43　单击"Window"→"I/O Ports"

（2）在图 3-44 中，主要对设计中的输入/输出端口分配管脚号和设置 I/O 口电平标准等参数。在此实例中，管脚约束可参考图中信息或表 3-1 进行设置。

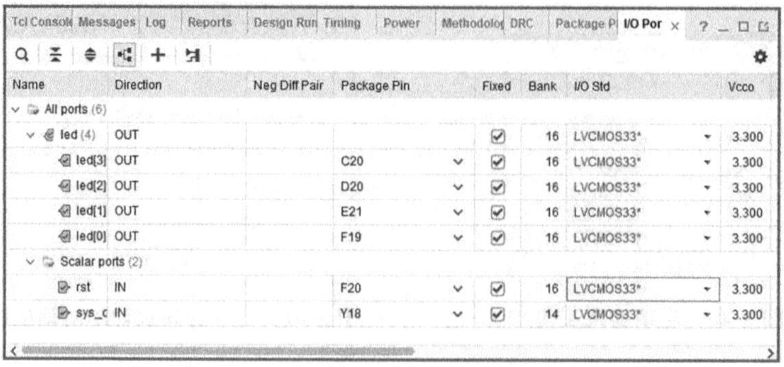

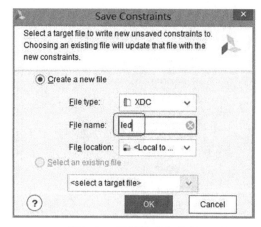

图 3-44　设置 I/O 口管脚约束

表 3-1　逻辑端口的 I/O 口管脚约束

设 计 端 口	FPGA 引脚位置	I/O 口电平标准
sys_clk	Y18	LVCMOS33
rst	F20	LVCMOS33
led[0]	F19	LVCMOS33
led[1]	E21	LVCMOS33
led[2]	D20	LVCMOS33
led[3]	C20	LVCMOS33

（3）设置完管脚约束参数后，保存文件，在弹出的"Out of Date Design"对话框中单击"OK"按钮，打开"Save Constraints"保存约束文件(. xdc)对话框。如图 3-45 所示，设置约束文件名，此处输入"led"，然后单击"OK"按钮，完成约束文件的添加。此时，在"Sources"工程源文件管理窗口中的"Constraints"下多了一个约束文件，如图 3-46 所示。

图 3-45　设置约束文件名

（4）查看约束文件。在图 3-46 中，双击"led. xdc(target)"文件，将打开刚建立的管脚约束文件 led. xdc。

图 3-46　约束文件保存成功

代码 3：led. xdc 约束文件代码。

set_property IOSTANDARD LVCMOS33 [get_ports {led[3]}]

set_property IOSTANDARD LVCMOS33 [get_ports {led[2]}]

set_property IOSTANDARD LVCMOS33 [get_ports {led[1]}]

set_property IOSTANDARD LVCMOS33 [get_ports {led[0]}]

set_property IOSTANDARD LVCMOS33 [get_ports rst]

set_property IOSTANDARD LVCMOS33 [get_ports sys_clk]

set_property PACKAGE_PIN Y18 [get_ports sys_clk]

set_property PACKAGE_PIN F19 [get_ports {led[0]}]

set_property PACKAGE_PIN E21 [get_ports {led[1]}]

set_property PACKAGE_PIN D20 [get_ports {led[2]}]

set_property PACKAGE_PIN C20 [get_ports {led[3]}]

set_property PACKAGE_PIN F20 [get_ports rst]

七、生成. bit 流文件及下载

（1）生成. bit 流文件。

在 Vivado 左侧的"Flow Navigator"项目设计流程管理窗口，找到"PROGRAM AND DEBUG"→"Generate Bitstream"并单击，或在工具栏上单击 图标，如图 3-47 所示，生成. bit 流文件。此时，Vivado 会重复执行综合和实现操作。

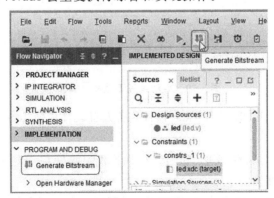

图 3-47　生成. bit 流文件操作

（2）编程下载。

成功生成 .bit 流文件后，会弹出如图 3-48 所示的对话框，默认打开硬件管理器，在确认打开硬件管理器之前，务必保证开发板（FPGA 硬件平台）、适配器连线处于与 Vivado 正常连接工作状态，然后单击"OK"按钮，打开硬件管理器（下载界面）。

图 3-48　打开硬件管理器操作

在打开的硬件管理器"Hardware"窗口中，单击如图 3-49 所示的自动连接硬件工具，搜索到在线的硬件的型号后，会自动显示当前连接系统的 FPGA 器件的型号等信息。

图 3-49　自动连接硬件工具

最后，如图 3-50 所示，在硬件管理器窗口中，选中"xc7a35t_0（1）"目标芯片，右键单击，在弹出的子菜单中选择"Program Device"（编程下载命令），将弹出"Program Device"对话框，如图 3-51 所示，确认下载 .bit 流文件正确，然后单击"Program"按钮，完成设计下载。下载成功后，会在目标开发板上看到 LED 灯每间隔 1 s 自动闪烁效果。

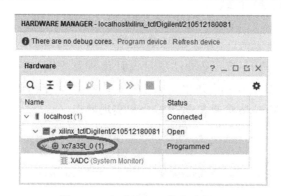

图 3-50　启动编程下载命令操作

至此，基于 Verilog HDL 的 Vivado 设计流程及开发环境使用方法介绍完毕。

（3）烧写 Flash。

生成 .bin 流文件后，将生成的 .bit 流文件下载到芯驿电子科技（上海）有限公司的 ARTIX-7 FPGA 开发平台上。

如果关掉电源或拔下 USB 下载线，实验板上的程序会丢失，重新加电后，电路也不能再次显

图 3-51　编程下载操作

示 LED 灯。要将程序保持在电路板上不消失，就需要配置存储器，将程序烧写到 Flash 中去。为此，需要生成扩展名为.bin 的流文件，并将其下载到非易失存储器 Flash 中。方法如下：

单击主窗口左侧的"Flow Navigator"→"PROJECT MANAGER"→"Settings"选项，按图 3-52 进行设置，即在弹出的窗口中单击左边"Project Settings"窗口中的"Bitstream"选项，在右边"Bitstream"窗口中勾选"-bin_file *"后面的复选框，最后单击"Apply"按钮和"OK"按钮。

图 3-52　将程序烧写到 Flash 操作

重新运行 Generate Bistream，在弹出的如图 3-53 所示的对话框中勾选"Generate Memory Configuration File"以产生存储器配置文件，然后单击"OK"按钮。

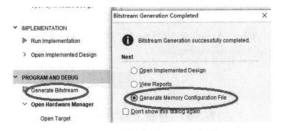

图 3-53　重新生成.bit 流文件

PC 机与实验板连接成功后,如图 3-54 所示,在"Hardware"窗口下的目标芯片"xc7a35t_0(1)"上以右键单击,在弹出的如图 3-55 所示的下拉菜单中选择"Add Configuration Memory Device"。

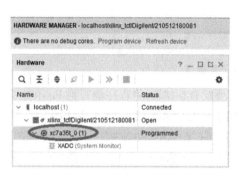

图 3-54 选择器件操作   图 3-55 连接器件

这时弹出如图 3-56 所示的窗口。在该窗口"Search"一栏中输入"mt25ql128-3.3v",在下面的"Name"一列中单击"mt25ql128-spi-x1_x2_x4",单击"OK"按钮,在弹出的对话框(见图 3-57)中单击"OK"按钮。

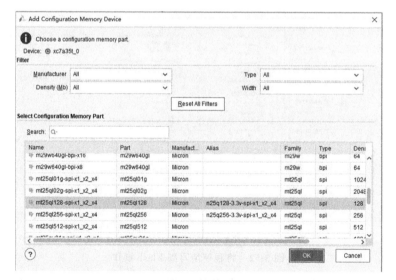

图 3-56 Flash 存储芯片选择

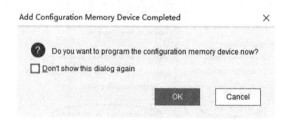

图 3-57 单击"OK"按钮(一)

这时弹出如图 3-58 所示的窗口,记住配置文件.bin 流文件的路径,单击"OK"按钮,在弹出的对话框(见图 3-59)中单击"OK"按钮。

图 3-58　配置文件.bin 流文件路径的窗口(一)

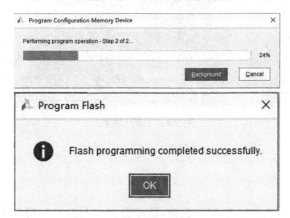

图 3-59　单击"OK"按钮(二)

这时弹出如图 3-60 所示的窗口,选择配置文件.bin 流文件,单击"OK"按钮,然后在弹出的对话框(见图 3-61)中单击"Program"按钮。

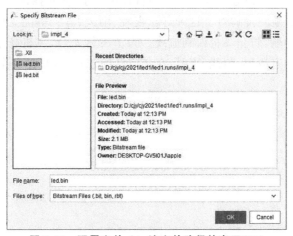

图 3-60　配置文件.bin 流文件路径的窗口(二)

233

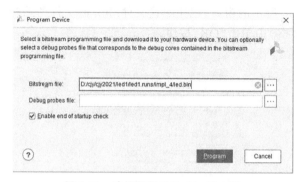

图 3-61　选择配置文件. bin 流文件

下载到实验板上的结果演示如图 3-62 所示。

图 3-62　运行结果

八、思考与练习

根据本节软件使用流程即流水灯案例,思考设计一个航空障碍灯系统。

一些高层建筑物顶部安装的小红灯,叫航空障碍灯,是一种安全指示灯。按国家有关规定,城市 45 m(15 层以上)以上的高层建筑物,如果需要,都要安装航空障碍灯。这种灯每分钟闪动 20 次至 70 次,可以在夜间为高空飞行提供指示,防止撞击。处于飞机航线范围的高层建筑物,都安装着航空障碍灯。这种灯在夜晚、雨天、雾天等能见度比较低的气象条件下闪动照亮,为飞机导航,防止飞机误判航线。为了飞行安全,飞机场附近都设有禁空保护区。这些禁空保护区,有散形、斜线、直线,在禁空区的建筑物,根据安全需要,也都要安装航空障碍灯。